Gévi Ankomo Ampini

Die Vision von Denis Sassou N'guesso für den Kongo

Gévi Ankomo Ampini

Die Vision von Denis Sassou N'guesso für den Kongo

Das kongolesische Modell der Stadtplanung

ScienciaScripts

Imprint
Any brand names and product names mentioned in this book are subject to trademark, brand or patent protection and are trademarks or registered trademarks of their respective holders. The use of brand names, product names, common names, trade names, product descriptions etc. even without a particular marking in this work is in no way to be construed to mean that such names may be regarded as unrestricted in respect of trademark and brand protection legislation and could thus be used by anyone.

Cover image: www.ingimage.com

This book is a translation from the original published under ISBN 978-620-6-70543-7.

Publisher:
Sciencia Scripts
is a trademark of
Dodo Books Indian Ocean Ltd. and OmniScriptum S.R.L publishing group

120 High Road, East Finchley, London, N2 9ED, United Kingdom
Str. Armeneasca 28/1, office 1, Chisinau MD-2012, Republic of Moldova, Europe
Printed at: see last page
ISBN: 978-620-7-24057-9

Copyright © Gévi Ankomo Ampini
Copyright © 2024 Dodo Books Indian Ocean Ltd. and OmniScriptum S.R.L publishing group

An meinen Freund und Bruder Dr. Mickaël ETIRI

Vorwort

Der Glaube an das Schicksal ist eine Doktrin der Anerkennung, die auf Erfahrungen angewendet wird, die sich der Orthodoxie widersetzen. Die Natur hat bestimmte Seelen zu Heldentaten in der systematischen Entfaltung des Handelns bestimmt. Diese Ausnahmen offenbaren ihre unerhörte Berufung durch die Einzigartigkeit ihrer politischen, administrativen, technischen, managerialen, wissenschaftlichen, philosophischen, produktiven, diplomatischen usw. Berührungen. Dies begründet die Kategorie der Ausnahmemenschen.

Denis SASSOU N'GUESSO wurde die Gnade der Vorsehung zuteil, die Dinge anders anzugehen und den Weg für die kommenden Generationen zu ebnen. Sein Aufenthalt an der Spitze der Republik Kongo ist geprägt von Markierungen, die die Ewigkeit in Zeit und Raum vereinen. So feilte er an allen bemerkenswerten Sequenzen der zeitgenössischen Geschichte des Kongo. Seine Vision für den Kongo und sein Engagement in der Frage der Stadtplanung verdienen weltweit besondere Aufmerksamkeit.

Edous Paradigma des Menschen geht über das Gewöhnliche hinaus und strebt nach dem Universellen. Es sublimiert die natürliche Ordnung, ohne die ökologische Bestimmung der Natur zu gefährden. Denis SASSOU N'GUESSO gründet diese neue Führung auf die Dogmen der Tradition und führt die universelle Demokratie auf die Spur der afrikanischen Weisheit. Er propagiert die Verbindung von Vergangenheit und Gegenwart, um eine Zwischen- oder besser gesagt Zwischenzukunft zu schaffen. Diese heilige Vereinigung der Nostalgie einer tugendhaften Vergangenheit, die seine ersten Schritte leitete, und des gemäßigten Willens zum Fortschritt in der Zeit errichtet eine gelehrte Symbiosophie, die den Atypismus des kongolesischen Modells strukturiert, das in allen Nischen der öffentlichen Verwaltung und im politischen Elan am Werk ist. Die Sphäre der Stadtplanung erscheint als die offensichtliche Seele dieser besonderen Politik.

Dieses Buch ist weit davon entfernt, vor dem Hintergrund eines Erfahrungskults Subjektivität zu predigen, sondern will vielmehr den revolutionären Wind hörbar machen, der im Kongo seit mehreren Jahrzehnten im Bereich der Stadtplanung weht. Diese Bewegung ist das Ergebnis des Willens eines außergewöhnlichen Menschen, der eine außergewöhnliche Führung in einem außergewöhnlichen Kontext prägt, um der Welt eine außergewöhnliche Erfahrung zu vermitteln.

Dieser Mann verfügt über ein politisches Schicksal, das auf einem überlieferten Stoizismus, traditioneller Weisheit, einer Militärethik aus dem goldenen Zeitalter des Waffenhandwerks und einem Mythos glühender Geschäftserfahrung beruht.

All diese Überzeugungen bringen eine Führungsrolle hervor, die sich im Kongo bewährt. Dieses Paradigma der Hoffnung hat die Anerkennung und Einheit des Kongo geschmiedet, die Errungenschaften der Demokratie wiederhergestellt und gefestigt, das Land auf den Weg des Friedens gebracht, die Doktrin der Modernisierung gepflegt und ein neues Bündnis mit der Natur im Hinblick auf eine starke Klimadiplomatie begründet.

Der kongolesische Weise glaubt an die Tugenden der Stadtplanung und postuliert, dass die Einführung von Spitzenleistungen im Stadtmanagement eine Touristenattraktion hervorbringt, die die Wirtschaft nährt, zur Prävention und Ausrottung bestimmter Krankheiten beiträgt, den Patriotismus im Hinblick auf eine gute Regierungsführung stärkt und eine Stadtplanung schafft, die auf den Prinzipien der städtischen Ästhetik beruht. Die Stadtplanung ist somit der Schlussstein der politischen Doktrin von Denis SASSOU N'GUESSO.

Er setzte ein Modell der Stadtplanung in Gang, das grundlegend auf das Bewusstsein und die Sorge für die Natur ausgerichtet war. Es handelt sich zweifellos um einen ökologischen Urbanismus, der das Ideal der Modernisierung des Landes mit den Gepflogenheiten der Umweltzivilisation vereint. Der Kongo ist folglich in die Religion der nachhaltigen Entwicklung eingetaucht, die die Widerstandsfähigkeit der Städte und die Vermeidung von Naturkatastrophen festschreibt.

Die Intuition des Autors stützt sich auf die Erfahrung von Praktiken und zeigt Interesse an der Kommunikation von Erfahrungen. Er erkennt im politischen Profil von Denis SASSOU N'GUESSO eine besondere Tendenz zur Sublimierung des städtischen Raums. Diese Geste vollzieht sich unter einer ethischen Atmosphäre, die die metaphysische und politische Einzigartigkeit des Lebenswegs dieses außergewöhnlichen Mannes festschreibt. Die leitende Überzeugung des Textes ist, dass alles Universelle von einem tugendhaften Partikularismus abhängt. Das politische Paradigma des Mannes, das auf der Verbindung von Tradition und Moderne beruht, verdient es, sich aus der Stille der kongolesischen Subjektivität zu befreien, um das universelle Bewusstsein zu erobern. Der Planet kann vom kongolesischen Modell der Stadtplanung lernen. Das ist das ultimative Glaubensbekenntnis von Gévi ANKOMO AMPINI in diesem Versuch, der sich zu einem echten Meisterstück entwickeln könnte.

Herr Jean Robert TABAKA (Republik Kongo)

Inhaltsverzeichnis

Vorwort 2

EINLEITUNG 6

Kapitel 1: Panafrikanität als Grundlage für eine neue afrikanische Führung 7

KAPITEL 2: Die Politik der Reduzierung von Naturgefahren in den Städten des Kongo 20

KAPITEL 3: Überdenken der Zersiedelung im Kongo: Auf dem Weg zu nachhaltigen Städten 36

KAPITEL 4: Erhaltung der Umwelt 39

KAPITEL 5: Das Klima in den Städten als große Herausforderung 44

KAPITEL 6: Das Konzeptgebäude der neuen Stadtplanung 50

KAPITEL 7: Besonderheiten des städtischen Ökosystems 55

KAPITEL 8: Die Angst vor Überschwemmungen - ein Gefühl, das von der Bevölkerung weitgehend geteilt wird 58

KAPITEL 9: Vollständige Nutzung lokaler Kapazitäten und Ressourcen 63

Kapitel 10: Die sozioökonomischen Auswirkungen des Klimawandels auf den Wasserkreislauf 65

Kapitel 11: Das Konzept der urbanen Resilienz 69

SCHLUSSFOLGERUNG 77

EINLEITUNG

Die Geschichte nährt sich von Erfahrungen, die aus dem Gewöhnlichen herausfallen und die Berufung zur Inspiration vermitteln. Ausgehend vom Wert der Ausnahmen in der Geschichte wird die Lehre vom Universellen aufgebaut. Wenn das Universelle wirklich horizontal sein soll, muss es sich von allen anthropologischen und geografischen Erwägungen hinsichtlich des Ursprungs seines Wertes befreien. Jede tugendhafte Erfahrung ist es wert, universalisiert zu werden. Dies ist der Fall beim kongolesischen Modell der Stadtplanung, das durch die politische Weisheit von Denis SASSOU N'GUESSO auf den Weg gebracht wurde.

Tatsächlich verfügt dieser außergewöhnliche Mann über eine politische Führung, die auf traditionellen Werten und der Überzeugung für die Substanz der Moderne beruht. Er macht die Demokratie zu einer gedeihlichen Schnittstelle zwischen der afrikanischen Vergangenheit und den universellen Dogmen des Fortschritts. Diese neue Atmosphäre der Demokratie hat sich im Kongo bewährt und verdient besondere Aufmerksamkeit.

Sie hat dort eine Doktrin der Stadtplanung hervorgebracht, die die Ideale der nachhaltigen Entwicklung durch einen realen Ausdruck der Loyalität zu den Sitten und Gebräuchen der Umweltzivilisation vereint. Es geht darum, das Land zu modernisieren, ohne die Natur zu beleidigen, d. h. die Natur um der Natur willen zu urbanisieren.

So soll dieses Buch die Aufmerksamkeit des Lesers und der Menschheit auf die Tugenden des politischen Modells des Kongo lenken, mit einer einzigartigen Note auf das kongolesische Paradigma der Stadtplanung. Denn diese doppelte kongolesische Besonderheit kann sich als universeller Wert oder vielmehr als Zukunftsmodell für die Zukunft der Welt etablieren. Die Zukunft der Stadtplanung liegt in der Zukunft der kongolesischen Doktrin der Stadtplanung.

Die Eingangszeilen dieses Textes offenbaren die Besonderheit des politischen Systems von Denis SASSOU N'GUESSO und seine Möglichkeiten. Die anschließenden Sequenzen zeichnen die Konturen des kongolesischen Managements des städtischen Raums nach.

KAPITEL 1: Panafrikanität als Grundlage für eine neue afrikanische Führung

Es ist offensichtlich, dass der Werdegang von Akteuren, die der Geschichte eines Landes ihren Stempel aufgedrückt haben, von Grund auf mit dem Schicksal des Staates verwoben ist. Dies gilt auch für diesen außergewöhnlichen Mann, der die großen Linien der kongolesischen Geschichte gezogen hat und weiterhin zieht. Seine Führung beruht auf unorthodoxen Dogmen und beinhaltet eine Neugier, die es mit dem gesamten politischen Körper der Welt zu teilen gilt. Diese Arbeit will sich dieser heiligen Herausforderung stellen. Es geht zweifellos darum, die Prinzipien und Artikulationen des politischen Denkens von Denis SASSOU N'GUESSO ans Licht zu bringen, in einer Haltung, die Vergangenheit und Gegenwart miteinander verbindet, um die Zukunft zu entwerfen. Im Klartext bedeutet dies, die Grundlagen und Mäander des visionären Führungsstils dieses lebenden Denkmals der politischen Geschichte des Kongo herauszuarbeiten. Zwei kanonische Horizonte bilden seinen wissenschaftlichen Rahmen: die Darstellung der Grundlagen seiner politischen Weisheit und seiner historischen Markierungen sowie die Perspektiven seines Wirkens auf der Spitze der Pyramide der kongolesischen Demokratie.

1. Die Grundlage für außergewöhnliche Führungsqualitäten

Politische Macht ist eine komplexe Angelegenheit, denn sie setzt ein Korps von Fähigkeiten und Werten voraus, die für die gemeinsame Sache zur Verfügung gestellt werden müssen.

Die Urgrundlage für seinen politischen Atypismus ist in der Tat die *Macht der Natur*. Er fiel schnell durch seine natürlichen Qualitäten auf, die die Weisen des Dorfes Edou davon überzeugten, ihn als Verkörperung der Ahnenautorität auszuwählen. Der Jugendliche war von Natur aus mutig, geduldig und weise. Diese natürlichen Tugenden haben ihn nie verlassen und zeichnen ihn bis heute aus, um seinen Werdegang als außergewöhnlicher Mensch zu begründen. Dieser natürliche Mut, der ihn mit weniger als zehn (10) Jahren nachts allein von einem Dorf zum anderen ziehen ließ, bewährte sich während der autoritären Entgleisungen einiger Führer des Kongo und bei den Manifestationen des tödlichen Machthungers einiger seiner Landsleute. Geduld beseelte ihn auch nach der Tragödie von 1977, als er sich kategorisch weigerte, sofort die Nachfolge seines besten Freundes anzutreten, der unter abscheulichen Umständen aus der kollektiven Zuneigung gerissen worden war, obwohl die ganze Hoffnung des

Landes auf ihm ruhte. Die Weisheit hatte nach einer Nationalkonferenz, die sich zu einem Prozess ohne Kläger entwickelt hatte, die Kontrolle über seinen Geist übernommen; denn angesichts einer Reihe von Anschuldigungen ohne Beweise akzeptierte er, den dunklen Mantel der Geschichte zu tragen, indem er der kongolesischen politischen Literatur einen Ausdruck der Weisen des großen Gerichts gab: "j'assume" (ich nehme an). Das berühmte "j'assume" ist in das Pantheon der politischen Weisheit des Kongo eingegangen und bietet einen kanonischen Präzedenzfall für die Zukunft des politischen Spiels in der Welt. Die politische Tiefe dieses kurzen Ausdrucks befreit von der Vorrangstellung der Staatsräson und der Eitelkeit der Doktrin der Vernunft um der Vernunft willen und nur um der Vernunft willen in der Politik. Denn Recht zu haben ist kaum die Lösung für die verschiedenen Anliegen der Bevölkerung. Angesichts des Imperativs des Friedens und des Willens zum Fortschritt fällt der Egoismus des Selbstbewusstseins bei der Suche nach einer Wahrheit, die in den Schatten der Hektik geflohen ist, systematisch ab, um der Schönheit des politischen Spiels Platz zu machen. Dies ist zweifellos die Ladung und der Scharfsinn dieser Aussage von Denis SASSOU N'GUESSO nach der tumultartigen sogenannten souveränen Nationalkonferenz

Die Führung des Menschen beruht auch auf der *Weisheit von Otweré*. Dabei handelt es sich um eine traditionelle Einweihung in die Staatsführung und das Recht der Vorfahren. Die Gründungsmythen dieser Zivilisation des Zusammenlebens der Völker Afrikas sind das Postulat der Spiritualität der Macht, das Ehrgefühl und die Kultur der Pflicht. Der Glaube an das Heilige stärkt die politische Autorität und taucht in den Kult der Demut ein, da er den Herrscher an die Grenzen seiner Macht erinnert und ihn einem höheren Dogma unterwirft. Der Mensch hat diese Lektionen seiner Initiation nie verloren und macht Autorität zu einer Pflicht und nicht zu einem Recht. Dies rechtfertigt die Tradition der Demokratie im Kongo. Die Rituale der Demokratie manifestieren alle ihre Substanzen im Land durch die Einhaltung des Wahlzyklus, die Existenz von Institutionen und die demokratischen Gesten der Rede zur Lage der Nation vor dem Parlament, die auf einem Kongress stattfindet, der mündlichen Anfragen mit Debatte, der politischen Beratung am Vorabend der Wahlen und der Feier des Unabhängigkeitstages. Der Mensch hält an der Religion der Pflicht fest und hat die Pflichten der Demokratie und der Macht nie absichtlich missachtet.

Er lässt seine Führung auf der *militärischen Ethik* aufbauen. Der Mann ist eine der am besten ausgebildeten militärischen Autoritäten seines Landes. Nach den

physischen und Fallschirmjägerdisziplinen unter dem Kommando des hoch angesehenen Generals Bigeard absolvierte er eine akademische Ausbildung in Algerien und an der französischen Militärschule Saint-Maixent.
Daher beruht die außergewöhnliche politische Führung von Denis SASSOU N'GUESSO auf natürlichen Qualitäten, traditionellen Werten und militärischer Moral. Die geschickte Kombination dieser Tugenden ließ ihn in die politische Geschichte seines Landes eingehen.

2. Der Mensch und das Schicksal seines Landes
Es ist kaum möglich, ein diachrones Brevier der wichtigsten Ereignisse zu erstellen, die die Geschichte des Kongo strukturieren, ohne den Namen Denis SASSOU N'GUESSO zu erwähnen, der mit seinem Schicksal von Grund auf verwoben ist. Der Mann hat seine ganze Weisheit in den Dienst seines Landes gestellt und alle Stufen der staatlichen Verantwortung erklommen, um sich an die Spitze der Pyramide zu setzen. Sein politischer Werdegang ist von Grund auf mit der Geschichte des Kongo verwoben, da er alle großen Seiten des kollektiven Gedächtnisses geschrieben hat. In diesem Teil unserer Überlegungen soll daher eine Bestandsaufnahme der großen Spuren Denis SASSOU N'GUESSOs in der Geschichte des Kongo vorgenommen werden.
Denis SASSOU N'GUESSOs *erstes* Leuchtfeuer in der Geschichte des Kongo ist die Anerkennung und der Ruhm des Kongo in Afrika und in der Welt. Er stieg 1979 zum ersten Mal auf die Spitze des Staates, nachdem sein Bruder und Freund spontan gestorben war und sein unmittelbarer Nachfolger wenig glanzvolle Windungen der Macht genommen hatte. Nach zwei Jahren des Zögerns, der Zurückhaltung und der Beobachtung musste Denis SASSOU N'GUESSO dem Ruf des Schicksals und dem Willen des Volkes folgen, den Kongo in Händen zu sehen, die sich für die gemeinsame Sache engagieren. Abgesehen von den Frustrationen der Weltwirtschaftskonjunktur, die zu Beginn seines Amtsantritts auf Rot stand, gelang es ihm, die erste unauslöschliche Spur in der Geschichte des Kongo zu hinterlassen. Es handelt sich dabei um die Erhebung des Kongo in die Würde einer afrikanischen Satellitennation durch die Besetzung des Vorsitzes der Organisation der Afrikanischen Union (OAU) im Jahr 1986. Das bedeutet, dass der Kongo zum allerersten Mal in seiner Geschichte diesem außergewöhnlichen Mann sein hohes Ansehen als afrikanische Stimme und Sprachrohr Afrikas zu verdanken hat. Er überzeugte die Welt im Allgemeinen und Afrika im Besonderen davon, dass der Kongo Afrika repräsentieren und das Schicksal dieses zukunftsträchtigen Kontinents würdig übernehmen kann.

Das *zweite* Leuchtfeuer des Mannes auf dem Weg des Kongo war die Organisation der Nationalkonferenz im Jahr 1992. Während seiner Amtszeit schrieb das Land die historische Seite des Willens, seine Töchter und Söhne zu vereinen und gemeinsam über die Zukunft des Landes zu entscheiden. Von der Unabhängigkeit bis zu seinem Amtsantritt hatte kein Präsident des Kongo zugestimmt, alle kongolesischen Bürger an einem Tisch zu Wort kommen zu lassen. Der Aufstieg der Egos und die Macht des Trennungsdiskurses hatten, wie in allen afrikanischen Ländern nach der Unabhängigkeit, den tragischen Reflex des identitären Rückzugs kultiviert. Dieses weit verbreitete Gefühl hatte den Kongo aufgrund der ethnischen Instrumentalisierung des politischen Spiels der Einheit, der gegenseitigen Anerkennung und einiger seiner würdigen Söhne beraubt. Dieses tragische Erbe der Geschichte wurde durch die Kühnheit dieses Kindes aus dem Busch relativiert, das alle Kongolesen im Kongo aufgefordert hatte, über den Kongo für den Kongo und nur für den Kongo zu sprechen. Der Rausch der Nationalkonferenz war nicht ohne Fehlentwicklungen, aber der Mann konnte die Situation meistern, indem er die Relativität der kongolesischen Geschichte auf seinen Rücken lud.

Die *dritte* historische Initiative des Menschen in seinem Land ist die Erfahrung des demokratischen Pluralismus. Von Alphonse MASSEMBA-DÉBAT über Marien NGOUABI bis hin zu Joachim YHOMBI-OPANGO war der Kongo in die absolute Autorität der Einheitspartei eingetaucht. Die sozialistische Tendenz, die das Land angenommen hatte, gründete die Hoffnung auf nationale Einheit auf die Überzeugung von den Tugenden der Einheitspartei, ohne sich um ihren Autoritarismus oder die Opferung der politischen Freiheit zu kümmern. Die Kongolesen hatten nicht die Freiheit, politische Parteien zu gründen, um die politische Debatte zu heben und zur Verwaltung der öffentlichen Angelegenheiten beizutragen. Jeder war gezwungen, sich den Idealen des sehr autoritären Parteistaats anzuschließen. Dadurch wurde die Dynamik der Demokratie, die alle Kongolesen anstrebten, untergraben. Erst als dieser Anhänger des demokratischen Pluralismus an die Macht kam, konnte der Kongo mit den Wundern der Demokratie experimentieren und sich auf die Linie des demokratischen Pluralismus begeben, von dessen Freiheit und positiven Substanzen die Kongolesen bis heute zehren. Heute hat der Kongo so viele politische Parteien und ist stolz darauf, dank dieses Willens des *Mwené* d'Edou oder vielmehr dieser Creme von Professor Maurice Spindler. Geben wir dem Kaiser, was des Kaisers ist, und Gott, was Gottes ist; die pluralistische Demokratie, die im Kongo im Gange ist, hat ihren Förderer Denis SASSOU N'GUESSO.

Die *vierte* politische Ausnahme des Mannes, die in die Geschichte des Kongo eingehen soll, ist die Erfahrung des friedlichen Machtwechsels. Denis SASSOU N'GUESSO war der Promotor des einzigen friedlichen Machtwechsels, den der Kongo je erlebt hat. Nach den Wahlen von 1992, bei denen er sich um seine eigene Nachfolge beworben hatte, wurde er bereits im ersten Wahlgang durch die Wahrheit der Urnen ausgeschaltet. Während es in Afrika für einen Präsidenten oft schwierig ist, Wahlen zu organisieren und sie zu verlieren, widersetzt sich Denis SASSOU N'GUESSOU der tragischen Norm und akzeptiert, sich dem Willen der Mehrheit der Kongolesen zu beugen. Er organisierte eine zivilisierte Machtübergabe an seinen Nachfolger Pascal LISSOUBA und erklärte sich bereit, wieder ein normaler Bürger zu werden. Der Kongo hat seit seiner Unabhängigkeit im Jahr 1960 bis heute noch nie eine solche Erfahrung mit demokratischer Bescheidenheit gemacht. Er ist somit der einzige Kongolese, der seinem Land die Wonnen des friedlichen Machtwechsels ermöglicht hat, und einer der wenigen in Afrika. Die Bescheidenheit des Mannes erreichte ihren Höhepunkt, als er beschloss, in den Busch zurückzukehren, um seine Leidenschaft als Landwirt auszuüben. Was für eine Demut! André Soussan unterstreicht diese Rückkehr zum Gewöhnlichen mit folgenden Worten: "Weit weg von Brazzaville und seinen politischen Abenteuern nimmt sich Denis Sassou N'guesso endlich die Zeit, wie ein gewöhnlicher Mensch zu leben. Befreit von den Sorgen des Staates, die so lange sein tägliches Brot waren, genießt er seine Kinder, die er kaum hat aufwachsen sehen, und kann mit seiner Frau das Leben eines Gentleman-Farmers führen, nach dem er sich insgeheim gesehnt hat. Er verfolgt genau die Fortschritte seiner Büffelzucht und überwacht mit eifersüchtiger Sorgfalt seine Tomatenpflanzen, die er erfolgreich akklimatisiert hat"[4]. Vom Thron in den Wald für Ackerbau und Viehzucht, Denis SASSOU N'GUESSO ist glücklich, die Macht abzugeben, um dem Kongo demokratische Würde zu verleihen.

Die *fünfte* unauslöschliche Spur des Menschen in der Geschichte des Kongo ist die Verankerung des Friedens. Es kann kein Geheimnis daraus gemacht werden, dass das Ideal des Friedens im Land dank der Weisheit und Erfahrung des Mannes verwirklicht wurde. Wir haben bereits zu Beginn dieser Überlegungen betont, dass Denis SASSOU N'GUESSO eine natürliche Neigung zum Frieden hat, die seiner Wahl zum *Mwené* trotz seines Alters zugrunde lag. Diese natürliche Tugend ist das Herzstück der Stabilität des Kongo. Die verschiedenen dunklen Episoden in

---

[4] André Soussan, Un homme d'honneur: Le destin exceptionnel d'un enfant de la brousse (Ein Ehrenmann: Das außergewöhnliche Schicksal eines Kindes aus dem Busch), Paris, Éditions Ramsay, 2001, S. 210.

der Geschichte des Kongo haben den Mann in die Schule des Friedens eingeschrieben. Er hat den Frieden in seinem Land durch den ständigen innerkongolesischen Dialog und heilsame Gesten immer wieder in Erinnerung gerufen, geteilt und gesichert. Das Ausbleiben größerer Unruhen im Land seit nunmehr mehreren Jahren ist auf seine Anwesenheit an der Spitze des Landes und seine Weisheit zurückzuführen, die den Dialog über die Grenzen des Kongo hinaus in andere Länder Afrikas trägt, die in der Dunkelheit der Geschichte versunken sind. Seine jüngsten Bemühungen um den Frieden in vielen afrikanischen Ländern sind bemerkenswert. Die politische Erfahrung von Denis SASSOU N'GUESSO kann man getrost vergessen, außer dem Frieden, den er während seiner Zeit an der Spitze des Staates garantiert.

Der Mensch hat einen besonderen Eid auf die Frage des Friedens. Er vermittelt allen seinen Mitbürgern das Bewusstsein für den Frieden und unternimmt beispiellose Initiativen zur Förderung des nationalen Friedens. Und da diese Errungenschaft in der gesamten Republik Kongo bereits gefestigt ist, überschreitet Denis SASSOU N'GUESSO die Grenzen seines Landes, um das Evangelium des Friedens in der Welt zu predigen. Dies ist die Bedeutung der Organisation des Forums für innerzentralafrikanische Gespräche am 21. Juli 2014 in Brazzaville, der Vermittlung Denis SASSOU N'GUESSOs im innerlibyschen Dialogprozess, der regelmäßigen Einladung der Staatschefs zahlreicher afrikanischer Länder mit Grenzkrisen und Interessenkonflikten nach Oyo, um Wasser in den Wein zu gießen, usw.

Er geht noch einen Schritt weiter und versucht, den Menschen mit der Natur zu versöhnen. Die Sorge um den Frieden führt Denis SASSOU N'GUESSO dazu, das Leiden der Natur, das ihr vom Menschen in einem Konflikt zugefügt wird, der die Hegemonie des Entwicklungsbewusstseins vereint, zutiefst zu teilen. Er erhebt sich zum Anwalt der Natur und nimmt stimmgewaltig an allen großen weltweiten Messen zur Erhaltung der Umwelt teil. Er ist der Ansicht, dass die Welt nicht in Frieden leben kann, solange die Natur durch immer wiederkehrende Naturkatastrophen weiterhin ihre Notschreie ausstößt. Der Mann macht die Umweltfrage zu einer ernsthaften und besonderen Angelegenheit aller Kongolesen und des gesamten Menschengeschlechts. Er hat die Tradition des nationalen Tags des Baumes, der jedes Jahr am 06. November begangen wird und an dem jeder Kongolese aufgerufen ist, mindestens einen Baum zu pflanzen, in die Geschichte des Kongo aufgenommen. Auf internationaler Ebene trägt er die Stimme des Kongobeckens und hat die erfolgreiche Organisation des zweiten Gipfels der drei großen Waldbecken der Welt, insbesondere des Amazonasbeckens, des Kongobeckens und des Borneo-Mekong-Beckens, vom 26. bis 28. Oktober 2023 in Kintélé (Kongo) in die Annalen des Kongo eingetragen.

Das *sechste* Siegel von Denis SASOU N'GUESSO im kollektiven Gedächtnis ist die Modernisierung des gesamten Staatsgebiets. Der Mann ist ein würdiger Träger des Impulses zur Erschließung des Hinterlandes und einiger Satellitenstädte des Kongo. Wenn heute der Traum von der Kommunikation zwischen den Städten und dem Abtransport der Produkte der Landbevölkerung Wirklichkeit geworden ist, so ist dies den Anstrengungen eines Mannes zu verdanken. Er hat mutig den Bau und die Modernisierung vieler Straßen des Landes in Angriff genommen. Abgesehen von dem kolonialen Erbe der Eisenbahnstrecke zwischen Brazzaville und Pointe-Noire, der politischen und administrativen Hauptstadt bzw. der wirtschaftlichen Hauptstadt des Kongo, hat der Mann einen enormen Energieaufwand betrieben, um diese beiden Schaufenster des Landes durch eine Straße zu verbinden, die viele Wälder, Savannen und riesige Berge durchschneidet. Diese Leistung ist auch im nördlichen Teil des Landes zu sehen, der früher sehr eingeschlossen war. Ouesso ist mit Brazzaville durch eine lange Straße verbunden, deren Bau vor einigen Jahren noch undenkbar gewesen wäre. Heute kann man mit einem Fahrzeug die gesamte Länge des Kongo durchqueren. Wir hoffen, dass die Geschichte in diesem Punkt nicht undankbar gegenüber den Menschen bleiben wird. Sie wird das kollektive Bewusstsein weiterhin an dieses Wunder von Denis erinnern.

Hinzu kommt die Vernetzung des Landes mit der Basisinfrastruktur. Die Initiative der beschleunigten Kommunalisierung hat die Physiognomie vieler Städte im Kongo verändert. Früher wurde die Versetzung eines Staatsbediensteten ins Landesinnere als Bestrafung durch die Hierarchie empfunden, da die kollektive Vorstellungswelt auf das hartnäckige Stereotyp der paradiesischen Großstadt fokussiert war; und die Arbeitsbedingungen in den halbländlichen Gebieten waren insgesamt recht beklagenswert. Die rotierende Bewegung der beschleunigten Kommunalisierung mit einem Vertrauten des Staatschefs an der Spitze des Schiffes hat die dezentralen und dezentralisierten Einheiten in moderne berufliche, wirtschaftliche und soziale Verhältnisse versetzt. Die Staatsbediensteten, die in den verschiedenen Departements des Landes ihre Karriere machen, arbeiten unter relativ gleichen Bedingungen wie diejenigen, die in den großen Städten wie Brazzaville und Pointe-Noire tätig sind. In allen Städten des Kongo sind die Verwaltungen der Präfekturen, Gemeinden, Unterpräfekturen, Schulen, Departements usw. recht gut ausgestattet. Die Sorge um die Modernisierung des

Landes ist eine Errungenschaft, die den Mann bis heute verfolgt.

Diese Bemühungen, die ohne die Absicht, alles gesagt zu haben, aufgezählt wurden, zeigen dem kollektiven Bewusstsein die wichtigsten Spuren auf, die die Geschichte der Führung des Mannes und seiner Schicksalsgemeinschaft mit seinem Land strukturieren. Diese Seite ist noch nicht umgeschlagen, denn Denis SASSOU N'GUESSO arbeitet immer noch an seiner Baustelle, dem Kongo. Er hat eine Vision für die Zukunft des Kongo.

Denis SASSOU N'GUESSO hat bereits die Korridore für die Zukunft des Kongo abgesteckt. Er möchte den Kongo zu einer Referenz für Erfolg und Autorität auf globaler Ebene machen. Diese Zukunftsvision beginnt mit dem Aufbau eines ökologischen Erbes, von dem die Welt lernen kann. Der Mensch hat sich zum Ziel gesetzt, das Naturerbe des Kongobeckens aufzuwerten und neu zu bewerten. Er unternimmt Initiativen, die zum Schutz der Natur beitragen, wie die Festschreibung des nationalen Tags des Baumes (06. November jeden Jahres), an dem er alle Landsleute dazu auffordert, mindestens einen Baum zu pflanzen, um den Holzeinschlag zu kompensieren und den Klimawandel zu bekämpfen. Diese Begeisterung für das Thema Naturschutz veranlasst ihn dazu, die Stimme des Kongobeckens und Afrikas bei wichtigen internationalen Treffen zu Umweltfragen zu vertreten, und er zeigt eine Klimadiplomatie, die darauf abzielt, die Natur vor Übernutzung und dem Verlust der Artenvielfalt zu retten. In diesem Sinne war Brazzaville kürzlich vom 26. bis 28. Oktober 2023 Gastgeber des Gipfels der drei großen tropischen Becken der Welt: des Amazonasbeckens, des Kongobeckens und des Borneo-Mekong-Beckens. Der Mann will den Kongo zur grünen Hauptstadt der Welt machen. Dieses Bestreben will dem Kongo weltweite Glaubwürdigkeit in Bezug auf das Klima verschaffen.

Das *siebte* Merkmal des Menschen ist das Streben nach Nahrungsmittelselbstversorgung. Der Mensch hat das Land auf den kurvenreichen Weg zur Selbstversorgung mit Nahrungsmitteln gebracht. Der Kongo ist eines der Länder der Welt, die unter den Keulen des Hungers und der Unterernährung leiden. Diese traurige Realität ist auf den extravertierten Charakter seiner Wirtschaft zurückzuführen. Um dem entgegenzuwirken und dem Land die Würde eines wirklich unabhängigen Staates zu verleihen, leitete er Maßnahmen zur Bekämpfung dieser globalen Geißel durch die Einrichtung von landwirtschaftlichen Schutzgebieten ein. Sein Landwirtschaftsminister ist an allen Fronten tätig, um diese Vision zu verwirklichen.

Das *achte* Markenzeichen von Denis SASSOU N'GUESSOU ist die Bewegung zur Industrialisierung des Landes. Er brachte das Land auf den Weg der Industrialisierung. Da der Frieden bereits eine Errungenschaft war, leitete der weise Kongolese mit seinem Programm zur Schaffung von Sonderwirtschaftszonen den Bau von Produktions- und Verarbeitungsbetrieben ein. Dieses ehrgeizige Projekt ist in vollem Gange und einer seiner Leutnants steht dort an der Front. Denis SASSOU NGUESSO will den Kongo zu einem echten Entwicklungsland machen, und jede Entwicklung geht über die Industrialisierung. In diesem Bereich hat das Land zahlreiche Abkommen mit vielen großen Unternehmen der Welt über den Bau von Fabriken in den Sonderwirtschaftszonen unterzeichnet. In all diesen Zonen sind bereits Baumaterialien und Produktionsspecimen angesiedelt. Der Bau der großen Erdölraffinerie in Pointe-Noire ist Teil dieser Perspektive und vereint den Willen zur lokalen Verarbeitung von Rohstoffen, wie sie im Übrigen von allen afrikanischen Staaten gewünscht wird. Es handelt sich also um einen Willen, der sich in der Umsetzung befindet, und dies ist das Werk eines außergewöhnlichen Mannes.

Der *neunte* hervorstechende Wunsch des Mannes ist die Verbesserung des Bildungssystems im Kongo. Auch seine Bemühungen um die Verbesserung des Bildungssystems im Kongo sind bemerkenswert. Er weiß, dass jede Entwicklung nur durch einen Mentalitätswandel möglich ist, der die Bürger von der Grundstufe auf die Stufe des Menschen bringt. Diese Revolution wird durch eine qualitativ hochwertige Bildung erreicht. Um dies zu erreichen, setzte der Mann die Idee der Schaffung von Exzellenzschulen in den Departements und einer nach ihm benannten Universität mit panafrikanischer Ausrichtung um. Trotz der Langsamkeit der Arbeit und der Relativität jedes Menschenwerks ist dieses Programm im Gange und die Auswirkungen sind deutlich zu erkennen.

Seine Bildungspolitik basiert auf drei Grundsätzen: Ausbau der Aufnahmekapazität durch die Annäherung des Lernenden an seinen Lernort, Schaffung von Exzellenzschulen, um die Entwicklung von Genies zu fördern, und Verbesserung der Lernbedingungen. Von der Unabhängigkeit bis zu seinem Amtsantritt gab es im Kongo gerade einmal ein paar Schulen und eine einzige öffentliche Universität. Heute konnte der Mann in allen Departements des Landes Gymnasien errichten; in manchen Departements gibt es fast so viele Gymnasien wie Bezirke, je nach dem demografischen Gewicht der einzelnen Orte. Jedes Kind im Kongo, unabhängig von seinem Wohnort, seinem Geldbeutel und seiner sozialen Situation, kann zur Schule gehen. Er hat sogar eine positive Diskriminierung für indigene Völker geschaffen, um diese Kongolesen zu ermutigen, den Weg zur Schule zu entdecken und zu lieben. Kein Geheimnis ist der Bau von Exzellenzschulen in allen Departements des Landes, mit dem Ziel, eine nationale Elite aus Kindern mit natürlichen Abgrenzungsfähigkeiten zu schaffen. Diese können die Fülle ihres Genies zum Erblühen bringen. Die Bedingungen für den Zugang zu diesen Exzellenzlaboren sind für alle gleich, um die Gleichheit der Bürger zu gewährleisten. Es geht um die Förderung von Spitzenleistungen um der Spitzenleistung willen. Die Arbeitsbedingungen für Lehrkräfte haben sich im Vergleich zur Vergangenheit und zu anderen umliegenden Ländern, wie der Demokratischen Republik Kongo, dem unmittelbaren Nachbarland der Republik Kongo, weitgehend verbessert. Die akademische Promiskuität ist eine schlechte Erinnerung geblieben, da die Hörsäle mit großer Aufnahmekapazität an der Marien-Ngouabi-Universität gut gebaut sind. Es gibt dort Hörsäle mit mehr als eintausendfünfhundert (1500) Plätzen. Nicht zu vergessen ist der Bau des Flaggschiffs in Kintelé, einer panafrikanischen Universität, die internationale Standards herausfordert und den Thron der Universitäten der Subregion anstrebt. Denis SASSOU N'GUESSO hat im Bildungsbereich des Kongo ewige Spuren hinterlassen.

3. Die Geschichte und die Revolution der kongolesischen Stadtplanung

In der vorkolonialen Zeit herrschte im Kongo städtebaulich gesehen das reinste Chaos. In Wirklichkeit gab es kaum Stadtplanung, da es noch fast keine Städte gab. Denn wenn man sich an die universellen Standards für die Qualifikationsschwelle von Städten hält, ist eine Stadt eine Ansiedlung, die mehr als zweitausend (2000) Einwohner beherbergt. Vor der Ankunft der Kolonialherren war der Kongo jedoch in zahlreiche Dörfer, Clans, Stämme, Ethnien und Königreiche zersplittert. Die Bevölkerung war verstreut und die Idee einer organisierten Stadt fehlte im kollektiven Bewusstsein. Um die Wahrheit zu sagen: Urbanismus als Gesamtheit von Techniken, Wissenschaften und Künsten, die sich auf die Organisation und Gestaltung der Stadt beziehen, ist in der vorkolonialen Geschichte des Kongo nicht am Werk, da es keine Stadt im engeren Sinne gab.

Dennoch gibt es einige urbane Intuitionen in der Struktur und dem Gerüst der bestehenden großen Dörfer. Es gab eine Hierarchie der Orte in der Konfiguration der Dörfer oder Königreiche, die winzigen Grundrisse der Dörfer gehorchten einer Art archaischer Ästhetik, die Häuser waren relativ ausgerichtet und die heiligen und königlichen Orte unterlagen einer Gestaltung, die eine Neigung zu den Gründungsmythen der afrikanischen Traditionen vereinte.

Gerade das Treffen und der besiegelte Einheitseid zwischen König Makoko und Pierre Savorgnon de Brazza sollte einen entscheidenden Wendepunkt in der Geschichte der kongolesischen Stadtplanung markieren. Denn dieses Treffen stellte in Aussicht, die Tradition der verstreuten Dörfer in eine Krise zu stürzen, um die Kolonie an die Entwicklung der Metropole anzupassen. Indem der König der Teke dem Franzosen mit italienischen Wurzeln die Tore seines Königreichs öffnete, brachte er eine neue Tradition in den Kongo. Es handelt sich dabei um die Entstehung von Städten. Da der Kongo in gewisser Weise französisches Eigentum geworden war, musste er sich der städtischen Logik unterwerfen.

1911 gewann das kleine Dorf Mfoa durch die Gründung einer Missionsstation durch die Spiritaner an Bedeutung und wurde von der Kolonialverwaltung sofort zur Gemeinde von Brazzaville erhoben. Der Kongo erlebte seinen ersten Urbanisierungsschub, der sich bis 1922 fortsetzte, als die Stadt Pointe-Noire, die zweitgrößte Stadt des Kongo, entstand. Die Urbanisierung wurde im gesamten Land umgesetzt. Das heißt, die Urbanisierung im Kongo ist ein kolonialer Import, denn sie ist eine von der Kolonialverwaltung eingeleitete Dynamik. Sie erreichte ihren Höhepunkt mit der Geburt der Republik Kongo im Jahr 1958 und der Urbanisierung einiger Dörfer in der entstehenden Republik.

Alle diese Städte werden auf der Grundlage des westlichen Paradigmas modelliert. Es handelt sich um Ballungsräume nach dem Damian- oder Orthogonalmodell mit einer bipolaren Tendenz. Es gibt dort zentrale Viertel und prekäre Viertel oder Slums. Die zentralen Viertel sind die Wohnsitze der Weißen und in den prekären Vierteln leben die Einheimischen. In Brazzaville war zum Beispiel Poto-Poto das Viertel der Weißen und Ouenzé das der Schwarzen. Die zentralen Viertel sind elektrifiziert, regelmäßig mit Wasser versorgt, gut ausgebaut usw.; während es in den prekären Vierteln an allem fehlt.

Diese urbane Ungerechtigkeit hat bei der Unabhängigkeit im Jahr 1960 nicht die Koffer gepackt. Der unabhängige Kongo hat kaum städtebauliche oder besser urbanistische Freiheit bewiesen. Die zentralen Viertel wurden zu Vierteln der Reichen und die prekären Viertel beherbergten die Armen. Die Armen sind oft auf sich allein gestellt und erarbeiten sich alles durch harte Arbeit und manchmal auch durch Gewalt. Sie sind dann ihre eigenen Stadtplaner und besetzen die Grundstücke in ihren Vierteln auf anarchische Weise. Da dort Gewalt herrscht, kümmern sie sich nicht einmal darum, ihren Besitz zu legalisieren. Daher gibt es in diesen Vierteln bis heute Grundstücke ohne Papiere. Diese anarchische Besetzungsbewegung wurde in gewisser Weise durch den kommunistischen

Aufschwung des Landes in den 1970er Jahren mit dem Slogan "Alles für das Volk!" gefördert. Da das Land allen gemeinsam gehört, kann jeder im Rahmen seiner Kräfte sein Land besetzen, ohne Rücksicht auf den städtebaulichen Masterplan, die Empfehlungen der Wissenschaft oder die Regeln der Kunst. So kommt es in allen großen Ballungsräumen des Kongo zu einem regelrechten geordneten Durcheinander. Die logische Folge dieser anarchischen Besiedlung ist das ewige Phänomen der Erosion, das das Land manchmal in Trauer versetzt und es in einen Teufelskreis aus Bauen, Zerstören und Wiederaufbauen versetzt, wodurch alle Bemühungen der öffentlichen Hand relativiert werden.

Dennoch hat Präsident Denis SASSOU N'GUESSO seit einiger Zeit eine Stadtpolitik geprägt, die mit der kolonialen oder eher postkolonialen Orthodoxie bricht. Er hat eine Politik in Gang gesetzt, die mit der städtischen Ungerechtigkeit bricht, indem sie die traditionelle Kluft zwischen großen und kleinen Städten sowie zwischen den Vierteln der Armen und der Reichen in einer Atmosphäre verringert, die das Zusammenleben sublimiert. Diese heilsame Dynamik wird von dem ehrgeizigen und historischen Programm der beschleunigten Kommunalisierung getragen, das die Idee der Erschließung und Modernisierung der Sekundärstädte in den Vordergrund stellt, damit sie mit den größeren Städten, insbesondere Brazzaville und Pointe-Noire, gleichziehen können. Heute gibt es keinen Komplex mehr zwischen einem Kongolesen, der in Brazzaville oder Pointe-Noire lebt, und einem Kongolesen, der in Owando, Ouesso, Impfondo, Dolisie, Nkayi, Sibiti usw. lebt, da die Bedingungen für Modernität relativ dieselben sind. Diese Politik führt zu einer ausgewogenen Stadtplanung im Land.

Auf der internen Ebene der Städte durchbricht das kongolesische Paradigma die Grenzen zwischen den Stadtvierteln oben und unten; im Klartext: Es plädiert für ein horizontales städtebauliches Schema. Das vertikale koloniale Erbe ist dabei, in allen Städten des Kongo seine Koffer zu packen. Dieses Phänomen, das sehr lobenswert ist, zeigt sich in der Errichtung von Satelliteninfrastrukturen, der Einrichtung von Slums, der Ausrottung von weißen Flecken und der Aufwertung von prekären Stadtvierteln. Zur Veranschaulichung: Vor einigen Jahren war das Viertel Kintelé im nördlichen Teil von Brazzaville ein Slum der Armen, doch heute, nach dem Bau des Stade de la Concorde, der Universität Denis SASSOU N'GUESSO, moderner Hotels und Wohnanlagen, zieht das Viertel die Bewunderung aller auf sich und ist zu einem der schicken Orte in der Hauptstadt des Kongo geworden. Es gibt keinen Komplex mehr zwischen dem Brazzaviller von Poto-Poto (zentrales Viertel) und dem Brazzaviller von Kintelé (einst prekäres

Viertel). Solche Fälle gibt es in allen Ballungsräumen des Landes, wenngleich dies kaum von den Herausforderungen der Gentrifizierung ausgenommen ist. Folglich ist der kongolesische Präzedenzfall im Bereich der Stadtplanung ein Maßstab für die Zukunft der universellen Stadtplanung. Die Masterpläne für den Städtebau der Zukunft sollten ihn zu einer unumgänglichen Matrix für die Beteiligung der Stadtplanung an der Philosophie des Zusammenlebens machen. Die Bewegung zur Ausrottung der sozialen Klassen in den Städten der Welt geht über die Vereinheitlichung des Wertes von Stadtvierteln und den Aufbau einer horizontalen Stadt. Dieser Impuls hat im Kongo begonnen und muss zum Glück der Stadtplanung und der menschlichen Spezies in die Welt getragen werden.

Alles in allem ist Denis SASSOU N'GUESSO ein Buschkind, das durch harte Arbeit und dank seiner natürlichen Fähigkeiten, seiner beruflichen Disziplin, seiner Liebe zum Land usw. die politische Karriereleiter erklommen hat und weiterhin die unendlichen Seiten der kongolesischen Geschichte schreibt. Seine Vision für den Kongo ist daher eine Vision des Wohlstands, die darauf abzielt, das Land in die Reihe der würdigen Staaten der Welt zu heben. Die neun in dieser Arbeit erwähnten Heldentaten haben keinen Anspruch auf Vollständigkeit, sie verdeutlichen lediglich die Schicksalsgemeinschaft des Mannes mit der Geschichte seines Landes. Im Lichte dieser Enthüllungen könnte man schließlich sagen, dass der andere Name des Kongo Denis SASSOU N'GUESSO ist.

KAPITEL 2: Die Politik der Reduzierung von Naturgefahren in den Städten des Kongo

Die kongolesischen Städte beherbergen mittlerweile mehr als die Hälfte der Bevölkerung. Dadurch sind sie anfälliger für bestimmte ökologische Herausforderungen, die jedoch bewältigt werden können. Die Städte im Kongo sind jedoch als Vektoren des nationalen Wachstums zu verstehen. Die Städte im Kongo zeichnen sich durch ihre dynamischen Systeme und die ihnen innewohnenden Governance-Kapazitäten aus. Im Laufe der kongolesischen Geschichte haben Umweltrisiken gezeigt, dass sie das Leben in der Stadt stark beeinträchtigen können.

Die Wahrnehmung der Wetterereignisse in den letzten Jahren zeigt deutlich die extremen Auswirkungen des Klimawandels auf das Leben in der Stadt. Sowohl Umweltphänomene als auch von Menschen verursachte Notsituationen setzen die Menschen und den Wohlstand der Städte im Kongo zunehmend unter Druck.

So bietet das vorliegende Werk für den Gebrauch der öffentlichen Hand den Bürgermeistern, Gemeinderäten sowie anderen betroffenen Verantwortlichen einen generischen Rahmen für die Reduzierung von Umweltrisiken und hebt die gute Politik des Präsidenten der Republik Denis SASSOU NGUESSO im Bereich des Umweltschutzes und -managements hervor.

Denis SASSOU NGUESSO hat in seinem persönlichen Engagement für Umweltfragen Praktiken und Instrumente eingeführt, die in den verschiedenen Städten bereits sinnvoll angewendet werden. Dies ist der Fall in den Städten Owando und Nkayi, die vom Programm für widerstandsfähige Städte profitiert haben. Mit diesem Programm möchte Denis SASSOU NGUESSO Antworten auf die folgenden grundlegenden Fragen geben: Welche Gründe sprechen für die Richtigkeit dieses Ansatzes? Welche Strategien und Maßnahmen sind erforderlich, um ihn zum Erfolg zu führen? Wie soll er umgesetzt werden? Städte und Gemeinden unterscheiden sich in Bezug auf ihre Größe, ihr soziales, wirtschaftliches und kulturelles Profil und den Faktor, in dem sie Umweltrisiken ausgesetzt sind. De facto betrachtet jede Einheit diesen spezifischen Ansatz.

Die Botschaft von Denis SASSOU NGUESSO ist jedoch einfach: Resilienz und die Reduzierung von Naturrisiken müssen ein integraler Bestandteil der kongolesischen Stadtplanung und der Strategien zur Erreichung einer nachhaltigen Entwicklung sein. Dieser Prozess erfordert starke Allianzen und eine breite Beteiligung aller Kongolesen an der Umsetzung der Leitprinzipien für die

Prävention von Naturgefahren.

Zu diesem Zweck sollte die in diesem Buch vorgestellte Vision von Denis SASSOU NGUESSO kongolesischen Städten, Behörden und der Zivilgesellschaft die Möglichkeit bieten, Erfahrungen beim Lernen, beim Zugang zu Informationen und bei der Entwicklung von Indikatoren und Leistungsmessungen auszutauschen, um die Fortschritte zu überwachen.

1. Den Mechanismus von Naturgefahren verstehen

In Kongo-Brazzaville sind gefährdete Bevölkerungsgruppen meist mit den Auswirkungen kleiner und mittelgroßer Naturgefahren konfrontiert und seltener mit den Auswirkungen von Großereignissen, die auf natürliche oder vom Menschen verursachte Gefahren zurückzuführen sind. So dürften der Klimawandel und extreme Wetterereignisse die Exposition kongolesischer Städte gegenüber extremen Ereignissen und Risiken erhöhen. Doch auch wenn das Phänomen weniger offensichtlich ist, können die üblichen Entwicklungspraktiken komplexe Umweltveränderungen hervorrufen, die zu erhöhten Risiken beitragen, wenn sie nicht berücksichtigt werden und keine wirksamen Korrekturmaßnahmen nach sich ziehen.

Bei Naturgefahren sind die Regierungen die erste Anlaufstelle, manchmal mit einem breiten Spektrum an Verantwortlichkeiten, aber unzureichenden Kapazitäten, um diese wahrzunehmen. Sie stehen auch an vorderster Front, wenn es darum geht, Naturgefahren zu antizipieren, zu bewältigen und zu reduzieren, indem sie Frühwarnsysteme einrichten und Strukturen für das Krisenmanagement speziell für Naturgefahren schaffen. In vielen Fällen müssen Mandate, Zuständigkeiten und Ressourcenzuweisungen überarbeitet werden, um die Fähigkeiten der Regierung zu stärken, auf solche Herausforderungen in zeitlicher und räumlicher Hinsicht zu reagieren.

Um zu verstehen, dass Naturrisiken keine "natürlichen" Phänomene im eigentlichen Sinne sind, ist es wichtig, die mit ihnen verbundenen Risikoelemente genauer zu betrachten. Ein Risiko hängt von einer Gefahr (z. B. Versandung, Erdbeben, Überschwemmung oder Wassererosion), der Exposition von Menschen und Gütern gegenüber dieser Gefahr und den Bedingungen ab, unter denen die so exponierte Bevölkerung oder die so exponierten Güter anfällig sind. Diese Faktoren sind nicht statisch und können verbessert werden, je nach den institutionellen und individuellen Fähigkeiten, die zur Bewältigung des Risikos bzw. zum Handeln zur Risikominderung eingesetzt werden. Gesellschaftliche und ökologische Entwicklungsmuster können die Exposition und Anfälligkeit erhöhen und damit das Risiko steigern.

Wir berücksichtigen zwei Aspekte: die Eigenschaften der Risikoquelle (Risiko) und die Auswirkungen, die das Risiko auf das soziale System als Ganzes hat (Verwundbarkeit). Das Risiko wird übrigens als Kombination von Gefährdung und Anfälligkeit definiert. Wir haben nach verschiedenen Kombinationen dieser Elemente des Risikos gesucht. Das Risiko lässt sich durch die folgende Gleichung [Gl.1.1] beschreiben:

$$R=\int (A, V)$$

R= le risque ; A= l'aléa et V= la vulnérabilité

Diese Gleichung spiegelt einen dualistischen Ansatz wider, bei dem das Risiko aus zwei Elementen besteht, nämlich der Anfälligkeit und der Gefahr. Wir sprechen hier von einer "funktionalen" Beziehung zwischen diesen beiden Elementen. Für einige Autoren ist diese Gleichung eine Kreuzung zwischen Gefährdung und Anfälligkeit, während andere diese Beziehung als Produkt betrachten. Trotz einiger Vorteile bei der Verwendung dieser Gleichung (Einfachheit bei der Bestimmung von kartografischen Indikatoren), macht die zu starke Segmentierung zwischen den beiden Elementen diese Risikoerfassung in den Augen vieler Geografen zu unvollständig.

Diese betonen die Bedeutung einer raum-zeitlichen Analyse, die notwendigerweise mit der Definition des Risikos einhergehen muss. In diesem Sinne präzisiert D'Ercole (1996) eine vollständigere Gleichung, die die Gefährdung und die Anfälligkeit berücksichtigt, die die beiden Hauptelemente bleiben und durch ihre räumliche und zeitliche Entwicklung ergänzt werden. Diese Gleichung ist eben die umfassende und integrierte Berücksichtigung aller Elemente, die das Risiko ausmachen.

$$R=\int [A (t, s), V (t, s)]$$

R= risque ; A= aléa ; V= vulnérabilité ; s= espace ; t= temps

Das Interessante an dem Begriff ist auch die Idee, die durch das Adverb "zusammen" vermittelt wird, weniger wegen des zeitlichen Zusammenhangs "zur gleichen Zeit" als vielmehr wegen des räumlichen Zusammenhangs "am gleichen Ort". Das Risiko besteht darin, am selben Ort wie Phänomene zu leben, die sowohl Positives (Entstehung, Entwicklung) als auch Negatives (Verschwinden, Rückschritt oder Zerstörung) mit sich bringen können.

Die Wahrnehmung des Risikos, d. h. das Modell, das sich die am

Risikomanagement beteiligten Akteure davon machen, muss in der Gesellschaft intensiv genug sein, damit die Vorsichtsmaßnahmen zur Begrenzung des Risikos akzeptiert und gerechtfertigt werden können. Sobald die Bedrohung identifiziert ist, müssen die Manager zwischen den verschiedenen Möglichkeiten, das Risiko zu erfassen und zu reduzieren, abwägen.

Die Risikowahrnehmung ist jedoch zu verschiedenen Zeiten und in verschiedenen Kulturen unterschiedlich. Manche Risiken werden relativ gut akzeptiert, obwohl sie sehr wichtig sind, und umgekehrt. Die Medien verharmlosen zunehmend ernste Risiken oder überschätzen weniger wichtige Risiken, was zu einer Störung unserer Wahrnehmung führt (G.Y. Mboumba Mboumba, 2020).

2. Enthüllung der Wahrnehmung von Naturgefahren

Im Wesentlichen ist die Enthüllung der Wahrnehmung von Naturrisiken ein Begriff, der sich stark von demjenigen unterscheidet, der wissenschaftlich als eine geschickte Mischung aus den Begriffen "Gefährdung" und "Anfälligkeit" definiert wird. Diese Risikowahrnehmung entspricht der technischen und psychologischen Interpretation des Risikos, die jedes Individuum in seiner Innerlichkeit formuliert. Sie ist gewissermaßen eine persönliche Intuition des Risikos, die auf dem Erfassen, dem Wissen um die Risiken beruht.

Zu diesem Zweck ist Wahrnehmung der Prozess, durch den wir Informationen und Reize aus unserer Umwelt aufnehmen und sie in bewusste psychologische Handlungen umwandeln. Wahrnehmung ist weder ein passives Empfangen noch ein mechanisches Aufzeichnen. Sie ist selektiv und variiert zeitlich, räumlich und von Mensch zu Mensch. So nehmen wir nicht alles wahr, was um uns herum und in unserem Inneren vor sich geht. Wir treffen eine Auswahl entsprechend unserer selektiven Konzentration. Was ausgewählt wurde, wird während der Wahrnehmung direkt angeordnet und aktiv verändert. Dadurch entsteht ein deutlicher Unterschied zwischen der physischen Umgebung und der subjektiven Umgebung, wie wir sie wahrgenommen haben, d. h. der psychischen Umgebung. Die menschliche Wahrnehmung lässt zwei Arten von Wahrnehmung erkennen: die psychische Wahrnehmung, die mit der psychischen Situation des Individuums zusammenhängt, und die sensorische Wahrnehmung, die mit den Sinnen verbunden ist. Die psychische Wahrnehmung hängt von funktionalen Faktoren ab, und wir können die folgenden Elemente als Teil der funktionalen Faktoren betrachten: Erfahrungen, Wertvorstellungen, Bedürfnisse, Meinungen, soziokulturelle Normen. Die Risikowahrnehmung ist der Ursprung der sozialen

Konstruktion des Risikos, sie bewertet die individuelle und soziale Akzeptanz des Risikos. Die Risikowahrnehmung ist somit eine wichtige Komponente in einer vernünftigen Risikoanalyse. Sie ist ein entscheidender, schwankender und kaum bekannter Faktor der Verwundbarkeit. Heute werden zahlreiche Studien durchgeführt, um die Risikowahrnehmung besser zu verstehen.

3. Materialität der Anfälligkeit für Naturgefahren

Die Anfälligkeit bestimmt die Exposition, Empfindlichkeit oder Anpassung einer Gesellschaft gegenüber einer Gefahr. Daher ist es wichtig, sie so genau wie möglich zu quantifizieren, um angemessene Lösungen zum Schutz der Bevölkerung vor einem Risiko zu definieren. Der Vorteil, den wir in der Verwendung der Vulnerabilität bei der Untersuchung von Umweltrisiken sehen, liegt vor allem in der Möglichkeit, die Maßstäbe für die Analyse von Naturphänomenen zu variieren: individuelle Maßstäbe, Maßstäbe für eine Gruppe von Individuen oder Maßstäbe für die kongolesischen Städte als Ganzes. Diese Differenzierung macht auf die Bedeutung der Unterscheidung individuell/kollektiv aufmerksam, die bei der Definition der Verwundbarkeit eine Rolle spielt. Jeder Skala entsprechen verschiedene Ebenen von Konsequenzen.

Die Untersuchung von Umweltrisiken geht heute von einem vorwiegend materiellen Zugang (insbesondere über die Gefährdung) zu einem viel komplexeren Zugang über, der die Anfälligkeit in ihrer Gesamtheit berücksichtigt. Die damit verbundenen Begriffe haben sich weiterentwickelt, und es gibt echte Schwierigkeiten, die Anfälligkeit (in Bezug auf die physische Quantifizierung, die sozialen Ursachen oder Folgen) zu bewerten. Das Konzept der Anfälligkeit selbst muss also je nach den untersuchten Herausforderungen (Gebäude und Infrastrukturen, Gesellschaft mit den Herausforderungen des sozialen Zusammenhalts, Landschaft und Umwelt) und den Arten von Systemen, die mit Biodiversität, Ökologie und Gesellschaft verbunden sind, variiert werden.

Um die Anfälligkeit für Umweltrisiken weiter zu präzisieren, werden in einigen Definitionen Adjektive verwendet. Physische Vulnerabilität bezieht sich beispielsweise nur auf quantifizierbare "materielle" Fakten, auf die Menge an potenziell zerstörten Gütern, auf den Wert der betreffenden Ressourcen, der möglicherweise in Geldkosten umgewandelt wird. Ein weiteres Beispiel ist die soziale Verwundbarkeit, bei der Chambers nur interne Faktoren einbezieht, d. h. eine Fähigkeit seitens der Gesellschaft, auf ein Risiko zu reagieren. Diese soziale Anfälligkeit kann auch der Tatsache entsprechen, dass die Bevölkerung Stress ausgesetzt ist, der aus den Auswirkungen von Umweltveränderungen resultiert.

Der erlebte Stress ist meist mit den sozialen und wirtschaftlichen Aspekten einer Stadt verbunden und äußert sich in einem verminderten Sicherheitsgefühl oder dem Verlust von Lebensraum. Diese Definition ermöglicht es dann, eine Parallele zu einem anderen Begriff zu ziehen: dem der Anpassungsfähigkeit. Dies entspricht dem Niveau, das eine Gesellschaft erreichen muss, um aus den erlittenen Katastrophen zu lernen und diese Lehren für zukünftige Präventionen zu nutzen. Im angelsächsischen Sprachraum wird dieser Begriff mit zwei verschiedenen Begriffen definiert: einerseits mit der Anfälligkeit eines Gebiets (susceptibility), die der Charakterisierung der Anfälligkeit eines Systems oder exponierter materieller Elemente entspricht, und andererseits mit dem Begriff der Fähigkeit einer Gesellschaft, sich von den Schäden oder negativen Auswirkungen einer Katastrophe zu erholen (was wir unter dem Begriff Resilienz wiederfinden).
Laut D'Ercole (1994) induziert das "System" der Verwundbarkeit eine große Anzahl natürlicher und menschlicher Variationen, deren Dynamik in Zeit und Raum mehr oder weniger gefährliche Situationen für eine exponierte Gesellschaft hervorrufen kann. Anderson-Berry (2003) stellt in diesem Zusammenhang fest, dass in einigen Fällen die Einführung von Schutzmaßnahmen zu einer Zunahme der Bevölkerung führt, die sich vor einem möglichen Risiko geschützt fühlt. Die Einführung von Schutzmaßnahmen führt dann nur zu einer Erhöhung der Anfälligkeit, die ursprünglich verringert werden sollte. Diese Veränderung des Maßstabs hat dazu geführt, dass bei der Analyse der Fakten zur Bestimmung der Anfälligkeit ein räumlicher oder territorialer Ansatz gewählt wurde. Dabei werden zahlreiche Faktoren berücksichtigt. Dazu gehören Wirtschaft, Technologie, soziale Beziehungen, Demografie, individuelle Wahrnehmungen, institutionelle Entscheidungsfindung, kulturelle und historische Faktoren. Dieser umfassende Ansatz erfordert eine große Anzahl von Indikatoren, weshalb Vergleiche zwischen verschiedenen Gebieten im Hinblick auf die Quantifizierung sozialer Ursachen oder Folgen nicht immer einfach sind. So wird beispielsweise die soziale Resilienz allzu oft nur auf Gemeindeebene und nicht auf individueller Ebene bestimmt, was einen Mangel an Genauigkeit bei der Analyse mit sich bringt.
Es gibt zwei Arten von Faktoren, die die Anfälligkeit eines Raumes verschärfen: die Anthropisierung der städtischen Umwelt (durch eine Ausweitung der bebauten und versiegelten Flächen in Gebieten mit Erosions-, Sand- und Überschwemmungsrisiko, wie es bei Regenwasser der Fall sein kann) und die Morphologie der Städte, die die Anfälligkeit der Standorte verschärft. Die Arbeiten von Thouret und D'Ercole (1996) haben einen wichtigen Platz in der

Quantifizierung der Anfälligkeit eingenommen, indem sie die vier Klassen der beteiligten Faktoren genau definiert haben:
1. Periurbanes Wachstum ;
2. Sozioökonomische Entwicklungsfaktoren und politische Entscheidungen in der Raumplanung ;
3. Stadtmorphologie ;
4. Die verstärkte Segmentierung der städtischen Gesellschaft und die sozioökonomischen Konflikte auf begrenztem Raum.

Sie definierten drei Vorgehensweisen zur Analyse der Anfälligkeit.

-Der qualitative Ansatz ermöglicht es, die Anfälligkeit anhand der verschiedenen Faktoren, die sie tendenziell verändern, zu erfassen. Diese Faktoren beziehen sich auf das Bevölkerungswachstum, die Art der Landbedeckung und -nutzung sowie auf sozioökonomische, soziokulturelle, psychologische, kulturelle und technische, funktionale und politisch-administrative Faktoren.

-Der semiquantitative Ansatz zielt darauf ab, die am stärksten gefährdeten Gebiete durch die Kreuzung von etwa 15 Faktoren wie natürliche, technologische oder soziale Faktoren zu kartografieren (Abbildung 1). Das Ergebnis ist die Charakterisierung der Neigung, sozial und räumlich kategorisierte Schäden in Bezug auf die exponierten Elemente zu erleiden (Chardon, 1994; Lavigne und Thouret, 1994).

Der quantitative Ansatz basiert auf verwundbaren Elementen, anhand derer die Folgen gemessen werden, indem man die prozentualen Verluste und ihre wirtschaftlichen Auswirkungen bestimmt, Kostenanalysen für Präventions- oder Informationsmaßnahmen durchführt.

So können im Fall von Regenwasser technische Lösungen gefunden werden, die die Auswirkungen auf die Bevölkerung in erosions-, versand- und überschwemmungsgefährdeten Gebieten minimieren.

4. Risikovektoren im städtischen Umfeld

In Kongo-Brazzaville bilden Städte und städtische Gebiete dichte und komplexe Systeme miteinander verbundener Dienstleistungen. Als solche sind sie mit einer wachsenden Anzahl von Problemen konfrontiert, die zu natürlichen Risiken führen. Denis SASSOU NGUESSO hat die Voraussetzungen für die Entwicklung von Strategien und Maßnahmen zur Bewältigung dieser Probleme geschaffen, die Teil seiner umfassenden Vision sind, die kongolesischen Städte widerstandsfähiger und bewohnbarer zu machen. In diesem Sinne zeigt Dénis SASSOU NGUESSO, dass zu den bedeutendsten Risikovektoren folgende

Elemente gehören:
- Erheblicher Druck auf Land und Dienstleistungen durch das Wachstum der Stadtbevölkerung und die damit verbundene höhere Bevölkerungsdichte, die zu einer Zunahme der menschlichen Siedlungen in den Küstentiefländern, entlang instabiler Hänge und in gefährdeten Gebieten führt.
- Konzentration von Ressourcen und Kapazitäten auf nationaler Ebene, gepaart mit unzureichenden Haushalts- und Personalressourcen sowie unzureichenden Kapazitäten innerhalb der lokalen Regierungen, einschließlich unklarer Mandate, die Verantwortung für die Reduzierung von Katastrophenrisiken und die Reaktion auf das Eintreten solcher Ereignisse zu übernehmen.
- Schwache lokale Regierungsführung und unzureichende Beteiligung lokaler Interessengruppen an der städtischen Planung und Verwaltung.
- Unangemessene Bewirtschaftung der Wasserressourcen, unhygienische Entwässerungssysteme und Entsorgung fester Abfälle, was zu gesundheitlichen Notlagen, Überschwemmungen und Erdrutschen führt.
- Schädigung von Ökosystemen, die durch menschliche Aktivitäten wie Straßenbau, Umweltverschmutzung, Regeneration von Feuchtgebieten und nicht nachhaltige Praktiken des Abbaus natürlicher Ressourcen verursacht wird und die Fähigkeit zur Erbringung grundlegender Dienstleistungen wie Hochwasserschutz und Schutz vor Infrastrukturschäden und Gefährlichkeit von Gebäuden, die zum Einsturz von Strukturen führen können, bedroht.
- Fehlende Koordination der Notdienste, wodurch die Fähigkeit zur Vorbereitung und schnellen Reaktion geschwächt wird.
- Negative Auswirkungen des Klimawandels, die je nach örtlichen Gegebenheiten zu einem Anstieg oder Rückgang der extremen Temperaturen und Niederschläge führen können, was sich auf die Häufigkeit, Intensität und den Ort von Überschwemmungen oder anderen klimabedingten Katastrophen auswirken kann.

Insgesamt nimmt die Zahl der registrierten klimabedingten Ereignisse mit negativen Auswirkungen auf die menschliche Bevölkerung weltweit zu. Lokale und städtische Kontexte sind unterschiedlich betroffen, je nach den wichtigsten Gefahren und dem Grad ihrer individuellen Gefährdung und Anfälligkeit.

Die Anzahl der Ereignisse, die im Zusammenhang mit Naturgefahren auf nationaler Ebene registriert wurden, zeigt einen Aufwärtstrend, wobei auch die

Anzahl der aufgetretenen Ereignisse relativ konstant bleibt (zumindest bei den Ereignissen mit den meisten Todesopfern), während die Anzahl der Stürme und Überschwemmungen leicht zunimmt. In vielen Departements der Republik Kongo nehmen die Risiken im Zusammenhang mit klimatischen Gefahren zu (die Risiken wirtschaftlicher Verluste durch solche Ereignisse nehmen ebenfalls zu, obwohl weniger Todesfälle gemeldet wurden). Die Anzahl und Intensität von Überschwemmungen, Dürren, Erdrutschen und Hitzewellen können zu erheblichen Auswirkungen auf städtische Systeme und Resilienzstrategien führen (Fotos 1). Der Klimawandel wird wahrscheinlich die Häufigkeit von Niederschlägen in vielen Departements des Kongo erhöhen, je nachdem, wo sich das jeweilige Departement geografisch befindet. Dies führt zu Veränderungen in den Hochwassermustern, die wiederum zu steigenden Trends bei den extremen Schwankungen des Meeresspiegels, der Küstengewässer und der Binnengewässer beitragen.

Überschwemmung in Tsiémé und Zerstörung der Betonstufen in Sadelmi

Unterspülen von Erosionsschutzanlagen in Ibaliko
Fotos 1: Degradierung des Stadtgebiets von Brazzaville

Laut dem Sonderbericht des Intergovernmental Panel on Climate Change (IPCC) über den Umgang mit Naturgefahren und Extremereignissen für die Anpassung an den Klimawandel (erschienen im April 2012) sollten diese extremen Schwankungen bei der Ausarbeitung künftiger Flächennutzungspläne und der Einführung anderer damit zusammenhängender Maßnahmen berücksichtigt werden. Die Zunahme der Auswirkungen in Bezug auf Exposition und Anfälligkeit bleibt weitgehend von menschlichen Aktivitäten abhängig.

Im städtischen Kontext beschreibt die Resilienz gegenüber Naturgefahren die Fähigkeit der Stadt und ihrer Bewohner, Krisen und deren Folgen zu bewältigen und durch die Anpassung ihrer Infrastruktur und Organisation die Reaktion auf extreme Klimaereignisse zu antizipieren: Hitzewellen, Überschwemmungen, außergewöhnliche Niederschläge, Dürre, Wassererosion, Sandverwehungen.

Eine Stadt, die resilient gegenüber Naturgefahren ist, zeichnet sich wie folgt aus:

- Eine Stadt, in der die Risiken minimiert werden, weil die Menschen in Häusern und Stadtvierteln leben, in denen die Versorgung mit Dienstleistungen gewährleistet ist und die Infrastruktur nach geeigneten Bauvorschriften errichtet wurde;
- Eine Stadt mit einer inklusiven, kompetenten und rechenschaftspflichtigen Kommunalverwaltung, die sich um eine nachhaltige Urbanisierung bemüht und die notwendigen Ressourcen einsetzt, um ihre eigenen Management- und Organisationsfähigkeiten vor, während und nach einem Naturereignis zu stärken;

- Eine Stadt, in der die lokalen Behörden und die Bevölkerung die Risiken verstehen und eine gemeinsame lokale Informationsbasis über Verluste, Gefahren und Naturrisiken aufbauen, die es unter anderem ermöglicht, exponierte und gefährdete Personen zu erfassen ;
- Eine Stadt, deren Bevölkerung berechtigt ist, sich am Entscheidungs- und Planungsprozess mit den lokalen Behörden zu beteiligen, und die den Wert des lokalen und indigenen Wissens, der Fähigkeiten und Ressourcen anerkennt ;
- Eine Stadt, die sich bemüht hat, die Auswirkungen von Naturgefahren zu antizipieren und abzuschwächen, indem sie Überwachungs- und Frühwarntechnologien einsetzt, um die Infrastruktur, das Eigentum von Gemeinschaften und Einzelpersonen, einschließlich ihrer Häuser und Besitztümer, zu schützen, das kulturelle Erbe zu bewahren und das Umwelt- und Wirtschaftskapital zu erhalten. Die Stadt hat die notwendigen Vorkehrungen getroffen, um die materiellen und sozialen Verluste zu minimieren, die durch extreme Wetterereignisse, Wassererosion, Versandung, Überschwemmungen und andere natürliche oder von Menschen verursachte Gefahren entstehen;
- Eine Stadt, die in der Lage ist, zu reagieren, sofortige Wiederherstellungsstrategien umzusetzen und grundlegende Dienstleistungen wiederherzustellen, um die Wiederaufnahme sozialer, institutioneller und wirtschaftlicher Aktivitäten nach einer Katastrophe zu ermöglichen;
- Eine Stadt, die die Tatsache berücksichtigt hat, dass die meisten der oben genannten Elemente auch für die Stärkung der Widerstandsfähigkeit gegenüber negativen Umweltauswirkungen, insbesondere dem Klimawandel, von Bedeutung sind, und sich darüber hinaus verpflichtet hat, ihre Treibhausgasemissionen zu reduzieren.

5. Aufbau widerstandsfähiger Nationen und Gemeinschaften
Der Hyogo-Rahmenaktionsplan 2005-2015: Für katastrophenresistente Nationen und Gemeinschaften(CAH), wurde 2005 von den Mitgliedstaaten der Vereinten Nationen verabschiedet. Seitdem hat er die nationale Politik geprägt und internationalen Organisationen bei ihren Bemühungen, die durch Naturkatastrophen verursachten Verluste erheblich zu reduzieren, als Orientierung gedient. Der detaillierte und umfassende Aktionsrahmen geht auf die Rolle der Staaten und der regionalen und internationalen Organisationen ein und fordert die

Zivilgesellschaft, die akademische Welt, Freiwilligenorganisationen und den Privatsektor auf, sich an den erforderlichen Anstrengungen zu beteiligen. Er unterstützt die Dezentralisierung von Befugnissen und Ressourcen, um die Reduzierung von Naturgefahren auf lokaler Ebene zu fördern.

Die erwarteten Ergebnisse des Hyogo-Rahmenaktionsplans sind eine deutliche Verringerung der Verluste durch Naturgefahren, sowohl in Bezug auf Menschenleben als auch auf das soziale, wirtschaftliche und ökologische Erbe der betroffenen Gemeinschaften und Länder. Die fünf Prioritäten des Hyogo-Rahmens lauten wie folgt:

- Stärkung der institutionellen Kapazitäten: Sicherstellen, dass die Risikominderung auf nationaler und lokaler Ebene Priorität hat und dass es für die Durchführung entsprechender Aktivitäten einen starken institutionellen Rahmen gibt ;
- Risiken erkennen: Katastrophenrisiken aufzeigen, bewerten und überwachen sowie Frühwarnsysteme stärken ;
- Verständnis und Bewusstsein für Risiken schaffen: Wissen, Innovationen und Bildung nutzen, um eine Kultur der Sicherheit und Widerstandsfähigkeit auf allen Ebenen zu etablieren ;
- Risikominderung: Verringerung der zugrunde liegenden Risikofaktoren durch Raumplanung und kluge ökologische, soziale und wirtschaftliche Maßnahmen ;
- Vorbereitung und Handlungsbereitschaft: Stärkung der Katastrophenvorsorge, um bei Eintreten einer Katastrophe auf allen Ebenen wirksam eingreifen zu können.

6. Vorteile von Investitionen in die Verringerung von Naturgefahren und die Stärkung der Widerstandsfähigkeit

Es gibt viele Gründe, warum Denis SASSOU NGUESSO, Präsident der Republik Kongo, dem Thema resiliente Städte große Aufmerksamkeit widmet. Innerhalb seiner politischen Agenda hebt der Präsident der Republik Kongo das Aktionsprogramm für die nachhaltige Entwicklung der Städte des Kongo hervor. Denis SASSOU NGUESSO setzt sich für grüne Städte und die Reduzierung von Naturgefahren ein, was sich als historische Chance für sein Land erweisen könnte. Denn die Einführung eines präventiven Schutzkonzepts wird zu einer Verbesserung der ökologischen, sozialen und wirtschaftlichen Bedingungen im Kongo führen. Darüber hinaus kann die Reduzierung von Umweltrisiken auch den Kampf gegen zukünftige Variablen des Klimawandels ankurbeln und den

Wohlstand und die Sicherheit des kongolesischen Volkes steigern.
Denis SASSOU NGUESSO ist der Meinung, dass es laut der Chengdu-Aktionserklärung "nichts gibt, was man wirklich als 'natürliche' Katastrophe bezeichnen könnte"[5]. Naturgefahren wie Überschwemmungen, Wassererosion, Versandung und starke Winde werden aufgrund der menschlichen und gesellschaftlichen Anfälligkeit und Exposition gegenüber den Risiken zu Katastrophen, die jedoch durch entschlossene und entschlossene Strategien und Maßnahmen sowie durch die aktive Beteiligung der Interessengruppen auf lokaler Ebene behoben werden können. Die Reduzierung von Naturrisiken ist eine Investition ohne Reue, die Leben, Eigentum, Existenzgrundlagen, Schulen, Unternehmen und Arbeitsplätze schützt.

Die Gewinne, die sich aus diesem Vorgehen ergeben, umfassen Folgendes:

Stärkung der Führungsrolle der lokalen Behörden
- Stärkung des Vertrauens und der Legitimität, die den lokalen politischen Strukturen und Behörden und der Zivilgesellschaft entgegengebracht werden ;
- Neue Möglichkeiten für die Dezentralisierung von Kompetenzen und die Optimierung der Humanressourcen;
- Einhaltung internationaler und nationaler Standards und Praktiken.

Soziale und menschliche Gewinne
- Leben und Eigentum in Katastrophen- und Notsituationen bewahren und die Zahl der Todesfälle und Schwerverletzten drastisch senken ;
- Aktive Bürgerbeteiligung und Schaffung einer Plattform für die lokale Entwicklung ;
- Schutz des Eigentums und des kulturellen Erbes der Gemeinden und weniger Verlust von Ressourcen, die von der Stadt für die Katastrophenhilfe und den Wiederaufbau aufgewendet werden.

Wirtschaftswachstum und Schaffung von Arbeitsplätzen
- Erwartung von Versicherungsinvestoren, dass weniger Verluste durch Katastrophen entstehen, was zu höheren privaten Investitionen in Wohnungen, Gebäude und andere Immobilien führt, die den

---
[5] Chengdu Action Statement, August 2011

Sicherheitsstandards entsprechen ;
- Höhere Kapitalinvestitionen in die Infrastruktur, insbesondere für Modernisierungs-, Renovierungs- und Sanierungsbedarf ;
- Verbreiterung der Steuerbemessungsgrundlage, Verbesserung der Geschäftsmöglichkeiten und Steigerung des Wirtschaftswachstums und der Beschäftigung, da sichere und besser verwaltete Städte mehr Investitionen anziehen.

Verbesserung der Lebensbedingungen in den Gemeinden
- Ausgewogene Ökosysteme, die die Umweltverschmutzung verringern und Dienstleistungen wie die Versorgung mit Süßwasser und Freizeitaktivitäten fördern ;
- Bessere Bildung für sicherere Schulen, Verbesserung der Gesundheit und des Wohlbefindens ;

Netzwerk von Städten, die mit nationalen Fachkenntnissen und Ressourcen verbunden sind
- Ein wachsendes Netzwerk von Städten und Partnern, die sich stark für die Katastrophenresistenz engagieren, um bewährte Verfahren, Instrumente und Kompetenzen auszutauschen;
- Breitere Wissensbasis und besser informierte Bürger.

Wirklich partizipative Ansätze bieten die Möglichkeit, innovative lokale Initiativen zum Aufbau von Widerstandsfähigkeit zu skalieren. Ein wichtiger Faktor in diesem Prozess ist die Beziehung der Stadtregierung zu den am stärksten gefährdeten Einwohnern und die klare und direkte Reaktion der Behörden auf die vorrangigen Forderungen der Gemeinden.

Investitionen in Resilienz sind eine Chance
Wird der Reduzierung von Naturrisiken keine Bedeutung beigemessen, kann dies zu einer ernsthaften Verschlechterung der Wirtschaft und der Ökosysteme sowie zu einem Vertrauensverlust bei der Bevölkerung und den Investoren führen. Häufige Naturgefahren mit kleinen und mittleren Auswirkungen sowie Großereignisse unterbrechen die Versorgung der Gemeinden mit grundlegenden Dienstleistungen, d. h. die Systeme zur Verteilung von Nahrungsmitteln, zur Wasserversorgung, zur Gesundheitsversorgung, zum Transportwesen, zur Abfallentsorgung sowie die Kommunikationssysteme vor Ort und mit dem Rest

der Welt. Private Investoren sowie Unternehmen riskieren, nicht in Städte zu investieren, von denen sie glauben, dass sie keine besonderen Maßnahmen zur Risikominderung ergreifen.

Denis SASSOU NGUESSO, betont in großen Zügen, dass die Risikominderung ein integraler Bestandteil der Stadtentwicklung in Kongo-Brazzaville sein muss, um die Wahrnehmung zu beseitigen, dass das für das Management von Naturrisiken bereitgestellte Budget bei begrenzten Haushaltsmitteln mit anderen Prioritäten konkurrieren würde. Ein ganzheitliches Management von Naturrisiken wird attraktiver, wenn es gelingt, die Bedürfnisse vieler konkurrierender Interessengruppen und Prioritäten gleichzeitig zu erfüllen. Generell sind die Anreize stärker, wenn das Management von Naturrisiken sichtbar und eindeutig zur Verbesserung des wirtschaftlichen und sozialen Wohlergehens der Bevölkerung beiträgt. Zum Beispiel :

- Gut ausgebaute und gut entwässerte Straßen, die nicht zu Erdrutschen oder Überschwemmungen führen, ermöglichen einen reibungsloseren Transport von Waren und Personen zu jeder Zeit;
- Sichere Schulen und Krankenhäuser gewährleisten die Sicherheit von Kindern, Patienten, Pädagogen und medizinischem Fachpersonal ;

So ist die Reduzierung natürlicher Risiken ein integraler Bestandteil der Vision von Denis SASSOU NGUESSO im Rahmen der nachhaltigen Entwicklung sowohl im ökologischen, wirtschaftlichen, sozialen als auch im politischen Bereich. Dies lässt sich wie folgt veranschaulichen:

- **Politische - institutionelle Sphäre**
- Förderung der interministeriellen Koordination und der Führungsrolle bei der Reduzierung des Katastrophenrisikos ;
- Stärkung der institutionellen Kapazitäten und Zuweisung der erforderlichen Ressourcen ;
- Ausrichtung der städtischen und lokalen Entwicklung an den Grundsätzen zur Verringerung von Naturrisiken ;

- **Soziale Sphäre**
- Gewährleistung des Zugangs zu grundlegenden Dienstleistungen für alle und Bereitstellung von Sicherheitsnetzen nach der Katastrophe ;
- Risikoloses Land allen strategischen Aktivitäten und Wohnhäusern zuweisen ;
- Förderung der Beteiligung aller Interessengruppen in allen Phasen des

Prozesses und Stärkung sozialer Bündnisse und der Vernetzung.

- **Umweltsphäre**
- Schutz, Wiederherstellung und Verbesserung von Ökosystemen, Wassereinzugsgebieten, Küstenzonen und Binnengewässern;
- Annahme des ökosystemischen Risikomanagements ;
- Sich fest verpflichten, die Kontamination zu verringern,

die Abfallwirtschaft zu verbessern und die Treibhausgasemissionen zu senken.

- **Wirtschaftliche Sphäre**
- Diversifizierung der lokalen Wirtschaftsaktivitäten und Umsetzung von Maßnahmen zur Armutsbekämpfung ;
- Planung der Geschäftskontinuität, um Störungen der Dienstleistungen im Katastrophenfall zu vermeiden ;
- Anreize sowie Strafen einführen, um die Widerstandsfähigkeit zu erhöhen und die Einhaltung von Sicherheitsstandards zu verbessern.

KAPITEL 3: Überdenken der Zersiedelung im Kongo: Hin zu nachhaltigen Städten

Zukünftige Fortschritte bei der Bewältigung der großen ökologischen, wirtschaftlichen und sozialen Herausforderungen - wie dem Klimawandel und dem Zugang zu bezahlbarem Wohnraum - werden davon abhängen, wie sich die Städte in den kommenden Jahren entwickeln werden. Abgesehen davon, dass dieses Buch einen wichtigen Schritt in der Bestandsaufnahme der Urbanisierungsmuster und der Analyse ihrer Folgen darstellt, bietet es eine Bestandsaufnahme der Maßnahmen, die ergriffen werden müssen, um die kongolesischen Städte auf den Weg zu einem grünen und integrativen Wachstum zu führen.

Das Konzept der Zersiedelung stellt eine besondere Form der Urbanisierung dar, die mehrere große Herausforderungen erklärt, mit denen die kongolesischen Städte konfrontiert sind, z. B. Treibhausgasemissionen, Luftverschmutzung, verstopfte Straßen und Mangel an bezahlbarem Wohnraum, Versandung und Wassererosion. Aufgrund dessen ist die Zersiedelung ein komplexes Phänomen, das über die durchschnittliche Bevölkerungsdichte hinausgeht. Seine verschiedenen Dimensionen zeugen von der Verteilung der Bevölkerung im städtischen Raum und dem Grad der Fragmentierung des städtischen Territoriums.

Im Allgemeinen führt die Urbanisierung zu einer stärkeren Abhängigkeit vom Auto und zu längeren Pendlerdistanzen, was mit einem Anstieg der Verkehrsstaus, der Treibhausgasemissionen und der Luftverschmutzung einhergeht. Dies führt auch zu einem starken Anstieg der Kosten pro Nutzer für die Erbringung öffentlicher Dienstleistungen, die für das Wohlergehen unerlässlich sind, wie Wasserversorgung, Energieversorgung, Abwasserentsorgung und öffentlicher Nahverkehr.

Zu diesem Zweck müssen dringend gezielte und kohärente Maßnahmen auf verschiedenen Verwaltungsebenen ergriffen werden, um die Urbanisierung in Richtung nachhaltiger Entwicklungspfade zu lenken. Dies ist auch entscheidend, um die im Pariser Abkommen und in den von den Vereinten Nationen festgelegten Zielen für nachhaltige Entwicklung genannten Ziele zu erreichen. Die Bemühungen sollten sich vor allem auf die Einführung angemessener Preise für Autofahrten und Parkplätze sowie auf Investitionen in die Infrastruktur für öffentliche Verkehrsmittel und nicht motorisierte Fortbewegungsarten konzentrieren. Parallel dazu sollte die Raumordnungspolitik, die die Zersiedelung fördert, reformiert werden. Die Entscheidungsträger sollten Dichtebeschränkungen überdenken, die Politik zur Eindämmung der Zersiedelung überarbeiten und neue Marktinstrumente entwickeln, um die Verdichtung dort zu fördern, wo sie am dringendsten benötigt wird.

1. Indikatoren für die Zersiedelung

Die Zersiedelung ist ein schwer fassbarer Begriff und bezeichnet hier die Art der Urbanisierung, die sich durch eine geringe Bevölkerungsdichte auszeichnet, die verschiedene Formen annehmen kann. Die Dimensionen der Zersiedelung werden anhand von sieben Indikatoren gemessen, die in Tabelle 1 beschrieben sind. Zersiedelung kann selbst in städtischen Gebieten mit hoher durchschnittlicher Bevölkerungsdichte auftreten, insbesondere wenn ein großer Teil der Bevölkerung in Gebieten mit geringer Bevölkerungsdichte lebt. Dieses Phänomen begleitet auch eine diskontinuierliche, verstreute und dezentralisierte Urbanisierung, z. B. in Städten, in denen ein großer Teil der Bevölkerung über eine große Anzahl nicht zusammenhängender Teile des Stadtgebiets verstreut ist.

2. Hauptfaktoren der Zersiedelung

Die Zersiedelung wird von demografischen, wirtschaftlichen, geografischen, sozialen und technologischen Faktoren angetrieben. Beispiele hierfür sind steigende Einkommen, die Bevorzugung von Räumen mit geringer Dichte als Wohnort, natürliche Hindernisse für die Bebauung einer zusammenhängenden Fläche und der technologische Fortschritt im Automobilbau.

Vor allem aber ist die Zersiedelung das Ergebnis staatlichen Handelns, insbesondere von Dichtegrenzen, Flächennutzungsplänen und Steuersystemen, die nicht mit den sozialen Kosten der Urbanisierung mit geringer Dichte vereinbar sind, oder von zu niedrigen Preisen für die externen Effekte des Autofahrens und massiven Investitionen in die Straßeninfrastruktur.

3. Bevorzugung von Räumen mit geringer Dichte als Wohnort

Die Attraktivität von Räumen mit geringer Dichte beruht in der Regel auf einigen ihrer Besonderheiten: Nähe zu Freiflächen und zur natürlichen Umgebung, niedrigere Lärmpegel, höhere Luftqualität, längere Exposition gegenüber natürlichem Licht und bessere lokale Sichtbarkeit.

4. Regeln für die Landnutzung
Die Begrenzung der Gebäudehöhe ist ein nicht zu unterschätzendes Hindernis für die Entstehung einer kompakten Stadt, insbesondere wenn die Vorschriften übermäßig restriktiv sind. Maßnahmen zur Eindämmung der Zersiedelung, wie die Abgrenzung des Stadtwachstums und die Einrichtung von Grüngürteln, können zu einer kompakteren Siedlungsentwicklung beitragen, bergen aber im Gegenzug die Gefahr einer fragmentierten und diskontinuierlichen Siedlungsentwicklung.

5. Maßnahmen, die den Autoverkehr fördern
Die Zersiedelung profitiert wahrscheinlich auch davon, dass es keine Politik gibt, die die sozialen Kosten von Luftverschmutzung, Klimawandel und Verkehrsstaus in die von Privatpersonen getragenen Kosten für den Erwerb und die Nutzung von Autos (z. B. Mautgebühren) einbezieht.

Kapitel 4: Erhaltung der Umwelt

Es ist offensichtlich, dass die Zersiedelung der Städte schwerwiegende ökologische, wirtschaftliche und soziale Auswirkungen hat. Sie führt zu einem Anstieg der Emissionen aus dem Straßenverkehr und zum Verlust von Freiflächen und Umweltanreizen. Sie erhöht auch die Kosten für die Erbringung grundlegender öffentlicher Dienstleistungen, was die Finanzen der lokalen Gebietskörperschaften belastet. Und schließlich verringert er die Erschwinglichkeit von Wohnraum, da seine Hauptfaktoren das Angebot in den Schlüsselgebieten einschränken.

1. Auswirkungen auf Umweltelemente

Zersiedelte Siedlungsmuster zeichnen sich durch längere Entfernungen zwischen Wohnorten, Arbeitsplätzen und anderen Tageszielen aus. Diese Entfernungen lassen sich leichter mit einem motorisierten Privatfahrzeug zurücklegen, da Gebiete mit geringer Bevölkerungsdichte in der Regel schlecht an den öffentlichen Nahverkehr angebunden sind.

Dies führt zu einem Anstieg der Verkehrsleistung in Fahrzeugkilometern, zu einer Verschärfung der Luftverschmutzung und zu einem Anstieg der Treibhausgasemissionen.

Eine zersiedelte Umgebung bedeutet außerdem, dass der Mensch stärker in eine Reihe von wichtigen Umweltprozessen eingreifen muss, was die Wasserqualität beeinträchtigen und das Hochwasserrisiko erhöhen kann.

2. Wirtschaftliche und soziale Folgen

Es ist seit langem bekannt, dass die Zersiedelung der Städte die Kosten pro Nutzer für die Erbringung grundlegender öffentlicher Dienstleistungen in die Höhe treibt. Wasserversorgung, Abwasserentsorgung, Stromversorgung, öffentlicher Nahverkehr, Abfallentsorgung und Kontrolldienste gehören zu den für das Wohlergehen unerlässlichen Dienstleistungen, deren Erbringung in fragmentierten Gebieten mit geringer Bevölkerungsdichte wesentlich teurer ist. Daher wird entweder die Qualität der Dienstleistungen abnehmen oder es werden höhere Subventionen benötigt, um ihre Bereitstellung zu finanzieren.

Die Urbanisierung mit geringer Dichte trägt dazu bei, dass Städte weniger vielfältig sind, da die Vorschriften, die diese Art der Entwicklung begünstigen (z. B. Begrenzung der Gebäudehöhe), das Wohnungsangebot und die Erschwinglichkeit verringern können.

3. Wahrnehmung von nachhaltigen Städten, nachhaltigen Gemeinschaften

Die wachsende Kultur der öffentlichen Beteiligung wird oft als einer der bemerkenswertesten Erfolge lokaler Nachhaltigkeitsprozesse auf der ganzen Welt bezeichnet. Für viele Entscheidungsträger sowie andere Bürger wird diese Veränderung in der Regierungsführung selbst als ein großer Schritt in Richtung nachhaltigerer Städte angesehen.

Wenn man bedenkt, dass der Erfolg der lokalen Nachhaltigkeit auch von einer radikalen Veränderung der individuellen Lebensstile abhängt, könnte ein auf Vertrauen basierender Dialog zwischen den verschiedenen Gruppen, die die lokale Gemeinschaft bilden, durchaus eine der kritischen Ressourcen sein, die notwendig sind, um den Wandel herbeizuführen. Die Geschichte der öffentlichen Beteiligung in lateinamerikanischen und afrikanischen Kommunen zeigt, dass ein solcher Dialog nicht nur für die Vertrauensbildung verantwortlich ist, sondern auch zum Bewusstsein der gemeinsamen Verantwortung für die Entwicklung beiträgt.

Infolgedessen ist es wahrscheinlicher, dass die Menschen Gebühren für öffentliche Dienstleistungen zahlen, was wiederum zu steigenden Einnahmen für die Lokalregierung und - bei zusätzlichen Investitionen - zu einer höheren Lebensqualität für die Einwohner führt. Kaladougou in Mali ist eine Stadt, die in Partnerschaft mit der kanadischen Stadt Moncton an der Verbesserung ihrer Kommunikation mit den Einwohnern gearbeitet und ihre Einnahmen in weniger als sechs Monaten um 25 % gesteigert hat.[6]

In vielen Ländern war es die Lokalregierung als "bürgernächste Regierungsebene", Agenda 21, die freiwillig mit der Praxis der Öffentlichkeitsbeteiligung begonnen und diese dann weiterentwickelt hat, wobei sie häufig erhebliche personelle und finanzielle Ressourcen in die Vorbereitung und Erleichterung dieser Prozesse investiert hat. Damit haben die Lokalregierungen einen großen Beitrag zur Bildung und Befähigung der Bürger geleistet, und das nicht nur im Bereich der nachhaltigen Entwicklung.

Die Entwicklung neuer Technologien hatte einen großen Einfluss auf die Beteiligungsprozesse, da es für die Bürger einfacher geworden ist, ihre Meinung zu äußern. Der zunehmende Zugang zum Internet hat es ermöglicht, neue soziale Gruppen zu erreichen, die Kosten für Beteiligungsprozesse zu senken - zum Beispiel durch die Nutzung von Online-Gemeinschaften anstelle von persönlichen Treffen - und

---

[6] 8. FCM (2010), "Municipalities Overseas. Canadian Municipal Engagement in FCM's International Programmes", S. 11.

eine individuellere Interaktion zwischen Bürgern und Stadtverantwortlichen entwickeln - zum Beispiel über soziale Medien. Da fast täglich neue Anwendungen entstehen und Mobiltelefone auch in Entwicklungsländern immer weiter verbreitet sind, ist das Potenzial des Einsatzes dieser Technologien zur Beschleunigung der lokalen Nachhaltigkeit immens. Noch wichtiger ist, dass Online-Technologien neue Wege des Engagements schaffen, die die lokale öffentliche Beteiligung neu definieren, indem sie sie in Richtung der kollektiven Koproduktion von Wissen und Dienstleistungen drängen .[7]

Auch wenn das Recht auf öffentliche Beteiligung in der nachhaltigen Entwicklung heute selbstverständlich erscheinen mag, wurde erst 1998 das Übereinkommen von Aarhus[8] über den Zugang zu Informationen, die Öffentlichkeitsbeteiligung an Entscheidungsverfahren und den Zugang zu Gerichten in Umweltangelegenheiten der Wirtschaftskommission für Europa und der Vereinten Nationen (UNECE)[9] [10] unterzeichnet.

Das Übereinkommen trat drei Jahre später in Kraft und war bis Ende November 2011 bereits von 45 Parteien unterzeichnet worden. Das Übereinkommen hat eine so wichtige Rolle bei der Förderung von mehr Transparenz in Umweltfragen gespielt, dass seine weltweite Ausweitung eine der Erwartungen ist, die auf der Rio+20-Konferenz formuliert wurden.

4. Stand der Konferenz von : Rio+20

Die Lebenserwartung der heutigen Generation ist höher als die jeder früheren Generation. Sie spiegelt den Entwicklungsstand wider, den die modernen Gesellschaften erreicht haben. Zum ersten Mal wird jedoch vorhergesagt, dass das Leben künftiger Generationen nicht besser sein wird als das ihrer Eltern. Mit dieser Herausforderung befasst sich die vom Generalsekretär der Vereinten Nationen eingesetzte hochrangige Reflexionsgruppe, die auf dem Rio+20-Gipfel behandelt wurde.

---

[7] Weitere Informationen zur Koproduktion im Kontext der lokalen Governance finden Sie unter "Co-production of services. Final report", Local Authorities and Research Councils' Initiative 2010 verfügbar unter www.rcuk.
ac. uk/documents/innovation/l arci/Larci C oproduction Summary .pdf
[8] Siehe www.unece.org/fileadmin/DAM/env/pp/documents/cep43f.pdf
[9] Siehe www.unece.org/env/pp/welcome.html
[10] UN (2012), "The Future of People and the Planet: Choosing Resilience", Zusammenfassung des Berichts der Hochrangigen Gruppe des Generalsekretärs der Vereinten Nationen zur globalen Nachhaltigkeit, verfügbar unter www.un.org/gsp/sites/default/files/attachments/La%20synth%C3%A8se%20 des%20Berichts%20-%20DE.pdf

Es ist sehr beunruhigend, den Kontrast zu sehen, der zwischen einer Gesellschaft besteht, die eine enorme Entwicklung erreicht hat, aber dennoch die Ökosysteme, die das Leben erhalten, einem großen Stress aussetzt. Eine Antwort auf diese enorme Herausforderung zu finden, war das Ziel des Vorbereitungsberichts für den Rio+20?-Gipfel.

Die Welt hat beispiellosen Wohlstand und Wohlergehen erreicht, doch diese Entwicklung basierte auf dem massiven Einsatz begrenzter Energieressourcen, die Auswirkungen auf die empfindlichen Ökosysteme haben, einschließlich des empfindlichsten, des Klimas. Die Herausforderung, der wir uns stellen müssen, hat ein ethisches Element, das in unserer kulturellen, ethischen und politischen Identität verankert ist: die Pflicht, die Gerechtigkeit gegenüber künftigen Generationen aufrechtzuerhalten. In früheren Zeiten dienten die Anstrengungen früherer Generationen dazu, den nachfolgenden Generationen ein wohlhabenderes Leben zu ermöglichen.

Die Herausforderung von Rio+20 besteht darin, diese Verpflichtung gegenüber zukünftigen Generationen zu erneuern und gleichzeitig das ökologische Gleichgewicht des Planeten zu erhalten. Norwegen ist ein Beispiel dafür, wie man, anstatt die aus den Ölfeldern gewonnenen Ressourcen in das Wohlergehen der heutigen Generationen zu investieren, eine Investitionsstrategie entwerfen kann, die künftigen Generationen hohe Lebensstandards garantiert - zum Beispiel durch die Förderung eines fortschrittlichen Windkraft-Wasserkraft-Systems.

Ecuador, ein Land mit sehr unterschiedlichen Merkmalen, verwandelt sich in ein wertvolles Beispiel, wenn es heute die Ausbeutung von Ölressourcen in einem Gebiet mit hoher Biodiversität, dem Yasuní-Nationalpark, vermeidet und diesen Schatz an Biodiversität durch ein vom Entwicklungsprogramm der Vereinten Nationen (UNDP) unterstütztes Programm für künftige Generationen bewahrt. Und dennoch wird es die erreichte Entwicklung selbst sein, die uns in Verbindung mit einer korrekten Perspektive auf das Problem die Antwort auf diese enorme Herausforderung bieten kann.

Wissenschaftliche Forschungs- und Innovationszentren und die technologische Entwicklung haben immer einen ambivalenten Charakter gehabt. Einerseits haben sie entschlossen zu Wohlstand und Wohlergehen beigetragen, andererseits hat diese Entwicklung aber auch Nebenwirkungen, ökologische und soziale Externalitäten, die es notwendig machen, diese einseitige Wahrnehmung des Fortschritts zu revidieren. Strategien zur Verringerung der Auswirkungen des Klimawandels erfordern eine neue Perspektive der öffentlichen Politik. Es handelt sich nicht um ein technologisches, sondern um ein institutionelles Problem, das eine neue Grammatik des Risikomanagements im 21.

Der Klimawandel wird mit inklusiven Strategien bekämpft, die es uns ermöglichen, uns mit einem gemeinsamen Übel auseinanderzusetzen, bei dem persönliche, lokale oder nationale Interessen nicht mehr vorherrschen können, wenn kollektive Chancen entstehen, die Zusammenarbeit und gegenseitige Abhängigkeiten erfordern .[11]

---

[11] Solana, J. und Innerarity, D. (2011), La humanidad amenazada: el gobierno de los riesgos globales, Paidós, Barcelona.

KAPITEL 5: Das Klima in den Städten als große Herausforderung

In Deutschland hatte sich die Stadt München vorgenommen, ab 2015 alle Haushalte mit Strom aus erneuerbaren Energiequellen zu versorgen; dies war ohne einen großen Beitrag der Windenergie nicht möglich. Doch die Heimatschutzpolitik der bayerischen Landesregierung stellte eine Bremse dar, die dieses Ziel unerreichbar machen sollte. Anstatt aufzugeben, führte dies dazu, dass die Stadt München weitaus einfallsreichere Maßnahmen ergriff, um eine höhere Energieeffizienz zu erreichen, indem sie fest auf verschiedene erneuerbare Energiequellen setzte.

Der Sonderbericht über erneuerbare Energiequellen und die Begrenzung des Klimawandels des Intergovernmental Panel on Climate Change (IPCC) legt für das Jahr 2050 ein Ziel von 80% Primärenergie aus erneuerbaren Quellen auf globaler Ebene fest. Die Rolle der Städte bei der Erreichung dieses Ziels ist von entscheidender Bedeutung. In Anlehnung an dieses Beispiel hat sich der Oberbürgermeister von München, Christian Ude, vorgenommen, bis 2025 ein Ziel von 100 % erneuerbarer Energie zu erreichen.

Dieser Weg, den München eingeschlagen hat, unterscheidet sich nicht von dem, den viele andere Städte eingeschlagen haben, was uns eher zu Optimismus veranlasst. München produziert bereits 2,4 Millionen kWh Strom aus erneuerbaren Energiequellen und kann damit 250.000 Haushalte mit Strom versorgen, einschließlich des Bedarfs der Straßenbahn und der U-Bahn. Tatsächlich gibt es einen Plan, der Solarenergie, Miniwasserkraft, Erdwärme, Windkraft und Biogas integriert und dessen Ziel es ist, dass bereits 2025 eine vollständige Versorgung mit erneuerbarer Energie möglich ist und 7,5 Millionen kWh erreicht werden.

Viele andere Städte sind auf dem gleichen Weg und jede von ihnen würde ein eigenes Kapitel verdienen, doch die Kürze unserer wissenschaftlichen Reflexion macht es uns unmöglich, auch nur eine unvollständige Bestandsaufnahme zu präsentieren. Alle verfolgen Strategien, die auf kohlenstoffarme Städte abzielen, indem sie das Verhalten und die Gewohnheiten der Bevölkerung ändern.

In Kongo Brazzaville wird sich das Programm "Resiliente Städte" während der Phase 1 des Leitplans von 2021 bis 2025 hauptsächlich auf die Einrichtung einer Abfallentsorgungsstelle in den dicht besiedelten Gebieten konzentrieren. Um jedoch eine größere Nachhaltigkeit des Projekts nach Ablauf der Projektlaufzeit zu ermöglichen, wird im Rahmen des Programms vorgeschlagen, die für die

Lagerung des Abfalls aus dem dicht besiedelten Gebiet benötigten Schließfächer bis 2030 einzurichten.
Ziel dieser Komponente ist es, "durch eine integrative und gendersensible lokale Regierungsführung zur Verbesserung der Lebensbedingungen der Bevölkerung von Nkayi und Owando im Bereich der Abwasserentsorgung beizutragen". Die Umsetzung dieser Programmkomponente gliedert sich in 2 spezifische Ziele, nämlich :
OS1: Verbesserung der Hygienepraktiken der Bevölkerung und des Managements von Sanitärsystemen durch die Einführung nachhaltiger Sanitärdienstleistungen (Abfall und Flüssigsanitärversorgung)
SP2: Stärkung der Zivilgesellschaft, insbesondere der Frauen- und Jugendorganisationen, und ihrer Beteiligung an der lokalen Verwaltung, insbesondere durch die Einführung eines partizipativen Haushalts.

1. Bürgerinnen und Bürger, die sich aktiv für die Ursache des Klimawandels einsetzen

Viele Bürger, die den Klimawandel selbst bekämpfen wollen, verlieren ihre Energie, wenn sie auf rechtliche Hindernisse und einen zu starren Markt stoßen. Das Vereinigte Königreich hat Pay As You Save erfunden. Dabei handelt es sich um ein System, bei dem der Nutzer den Kredit, der für Investitionen in Energieeinsparung und -effizienz aufgenommen wurde, mit dem Teil des Gewinns oder der Ersparnis bezahlt, den er erzielt. Ein Teil dieser Einsparungen dient der Finanzierung der Investition, ein anderer Teil ist die direkte Nettoeinsparung .[12]
Städte können bei der Straßenbeleuchtung sparen, ohne investieren zu müssen, wenn ein Dritter die amortisierte Investition mit den erzielten Einsparungen realisiert. Dies ist die Rolle von Energiedienstleistungsunternehmen, die die Möglichkeiten zur Bekämpfung des Klimawandels von Interesse erhöhen können, wie es die Europäische Investitionsbank durch den Bürgermeisterkonvent für nachhaltige lokale Energie getan hat. Eine weitere Möglichkeit, Zugang zu Finanzmitteln zu erhalten, ist der Fonds aus der Versteigerung von Kohlenstoffemissionszertifikaten. Auch Bürger können ihre Ressourcen nutzen, um Projekte über Ökofonds zu finanzieren. Die UmweltBank in Nürnberg bietet ihren Kunden beispielsweise Wandelanleihen mit einem Mindestbetrag von 1.000 Euro und 7 % Nominalzinsen an, die in Onshore-Windenergie, Photovoltaik usw.

---

[12] DECC (2011), Home Energy Pay As You Save Pilot Review. Department of Energy and Climate Change and the Energy Saving Trust (September2011) siehe www.decc.gov.uk/assets/decc/11/meeting-energy-demand/ microgeneration/2670-home-energy-pay-as-you-save-pilot-review.pdf

investieren. Dies ermöglicht den Elektrizitätswerken Schonau (EWS) den Zugang zur Finanzierung ihrer Projekte.[13]

In Birmingham, Sutton, Stroud und Sunderland beteiligen sich Hunderte von Familien an Effizienz- und Photovoltaikprojekten in ihren Häusern. Es handelt sich um eine echte Energierevolution, die von der Basis, den Bewohnern und der lokalen Stadtverwaltung ausgeht. Die Finanzierung wird von einem Energieunternehmen bereitgestellt, das die Gewinne mit den Einwohnern teilt.

Es gibt noch viele andere Möglichkeiten, die Veränderung der Gewohnheiten der Menschen zu fördern. So ist es z. B. in den USA üblich, dass der Stromrechnung eine Information über den durchschnittlichen Verbrauch in der Gegend beigefügt wird, wodurch die Verbraucher für das Verbesserungspotenzial sensibilisiert werden, das in ihren Händen liegt. Schonau wiederum hat ein Projekt zur Energiewende mit einem Sparwettbewerb begonnen.

Die schwierigste Frage ist, wie man die Teile dieses Puzzles, das alle Elemente der Regierungsführung umfassen muss, ineinanderfügen kann. Der Rio+20-Gipfel war eine Gelegenheit, die am schwierigsten zu überwindenden Barrieren aufzuspüren, nämlich die mentalen und kulturellen Barrieren. Dieser Weg wurde jedenfalls begonnen.

2. Merkmal einer grünen Stadt

Es ist schwierig, eine Definition für die grüne Stadt zu finden, da es kein konkretes Modell gibt und sie auf verschiedene Arten definiert werden könnte (Vernay et al., 2010). Die Idee einer grünen Stadt ist es, ein städtisches Umfeld in geordneter und geplanter Weise zu entwickeln, um die Auswirkungen auf die Umwelt zu verringern. Heijden zufolge ist eine grüne Stadt ein umfassendes Konzept, das Ideen zu Verkehr, Gesundheit, Wohnen, Stadtplanung, Energie, wirtschaftlicher Entwicklung und sozialer Gerechtigkeit beinhaltet.

Der "Wunsch, große, autoorientierte Einwegflächen durch gemischt genutzte Gemeinschaften in fußläufiger Entfernung zu ersetzen", scheint Teil der Visionen vieler grüner Städte zu sein (Heijden, 2010).

Die Stadtentwicklung so zu verändern, wie sie bekannt ist, d. h. im Gegensatz zur nachhaltigen Entwicklung, ist jedoch ein schwieriger Prozess. Es geht nicht nur darum, die Stadtform, die Verkehrssysteme, die Wasser-, Energie- und Abfalltechnologien zu verändern, sondern es ist auch notwendig, die

---

[13] Es gibt verschiedene grüne Fonds für Bürgerinvestitionen: Verta Fonds, OekoEnergieUmweltfonds usw. Siehe unter http://www.ventafonds.de/fonds/ oeko-energie-fonds,www.oekoenergie-umweltfonds.de/der-fonds/rendite

Wertesysteme und die zugrunde liegenden Prozesse der Stadtplanung und -verwaltung so zu verändern, dass sie einen auf nachhaltiger Entwicklung basierenden Ansatz widerspiegeln (Kenworthy, 2006).
Grüne Städte beziehen sich auf eine Entwicklung von Gemeinschaften, die die Tragfähigkeit des Ökosystems nicht überschreitet (Jepson and Edwards, 2005). Laut Ecocity Builders (2010) ist eine grüne Stadt sowohl eine Einheit, die die Bewohner und ihre Umweltauswirkungen einschließt, als auch eine ökologisch gesunde menschliche Siedlung, ein Teilsystem der Ökosysteme, von denen die Stadt ein Teil ist, und ein Teilsystem des regionalen, nationalen und globalen Wirtschaftssystems.
Eine grüne Stadt stellt einen ganzheitlichen Ansatz dar, der sowohl die Verwaltung, die Umwelt, die industrielle Ökologie, die Bedürfnisse der Bevölkerung, die Kultur und die Landschaft integriert (Ecocity Builders, 2010). Kenworthy (2006) identifizierte zehn Dimensionen, um die Entwicklung einer grünen Stadt zu planen.

3. Nachhaltige Entwicklung und Städte

Das Konzept der nachhaltigen Entwicklung wurde in den letzten Jahrzehnten durch verschiedene internationale Veranstaltungen geprägt und weiterentwickelt. Mit der Teilnahme mehrerer einflussreicher Akteure und der Beteiligung vieler Länder gewinnt die nachhaltige Entwicklung heute an Boden und stellt eine Möglichkeit dar, anders zu denken und zu handeln, was den Städten ermöglichen sollte, ihren ökologischen Fußabdruck zu verringern.

So war der erste Meilenstein in der Entwicklung der nachhaltigen Entwicklung, wie wir sie kennen, wahrscheinlich die Konferenz der Vereinten Nationen in Stockholm im Jahr 1971 (UNEP, s.d.). Aus dieser Konferenz ging die Stockholmer Erklärung hervor, die erste Überlegungen zur nachhaltigen Entwicklung anstellte, insbesondere zur Notwendigkeit des Umweltschutzes, aber auch zur Bedeutung der wirtschaftlichen und sozialen Entwicklung (UNEP, s.d.). Im Jahr 1987 erstellte die Kommission den Brundtland-Bericht, in dem nachhaltige Entwicklung wie folgt definiert wird: "(World Commission on Environment and Development, 1987).
Nach diesem Ansatz darf das Wirtschaftswachstum keinen Druck auf die Ökosysteme ausüben, es muss sich im Gleichgewicht mit dem befinden, was das Ökosystem an Energie und Ressourcen bereitstellen kann.
Während der Konferenz in Rio wurde auch ein Aktionsplan verabschiedet: Agenda 21, für das 21. Jahrhundert (übersetzt aus dem Englischen Agenda 21). Die Agenda 21 ist ein umfassender Aktionsplan, der auf globaler, nationaler und lokaler Ebene

umgesetzt werden soll und von den Mitgliedsorganisationen der Vereinten Nationen und den Regierungen in allen Bereichen, in denen der Mensch die Umwelt beeinflusst, berücksichtigt werden sollte (United Nations, 2009). Die Agenda 21, die hauptsächlich von Kommunen genutzt wird, stellt Umweltprobleme und mögliche Lösungsstrategien zusammen (United Nations, 2004).

Im Jahr 2002 fand der Weltentwicklungsgipfel in Johannesburg statt, dessen Hauptziel es war, eine Bilanz der auf der Rio-Konferenz eingegangenen Verpflichtungen zu ziehen. Auf dem Gipfel bekräftigten die Unterzeichnerstaaten ihre Verpflichtung, eine nachhaltige Entwicklung zu fördern und die Empfehlungen der Agenda 21 umzusetzen, die bis dahin nur wenig oder gar nicht in die Praxis umgesetzt worden waren (Debays, 2002).

4. Anfälligkeit von Städten für Umweltprobleme

Nachhaltige Entwicklung ist eines der Prinzipien, die sich als Lösung für viele Probleme herauskristallisiert haben, darunter auch für die Umweltprobleme von Städten (Pincetl, 2010). Diese leiden nicht nur unter physischen Umweltproblemen wie Luftverschmutzung, Grundwasserabsenkung und Flussverschmutzung, sondern auch unter globalen Problemen (Hens, 2010).

In den kommenden Jahrzehnten werden Städte in Industrie- und Entwicklungsländern besonders anfällig für globale Umweltphänomene wie den Klimawandel, Ernährungs- und wirtschaftliche Unsicherheit und Ressourcenknappheit sein (United Nations Human Settlements Programme, 2009).

Diese Faktoren werden im nächsten Jahrhundert an der Umgestaltung der Städte beteiligt sein, und ihre Berücksichtigung muss ausreichend wirksam sein, wenn die Städte nachhaltig sein sollen, d. h. umweltfreundlich, wirtschaftlich produktiv und sozial engagiert.

So ist die Anfälligkeit von Städten für globale Umweltprobleme vor allem auf ihre hohe Bevölkerungszahl - etwa die Hälfte der Weltbevölkerung - und dann auf ihre bereits beeinträchtigte Umwelt zurückzuführen (Hens, 2010). Städte sind auch für einen großen Teil der weltweiten Treibhausgasemissionen verantwortlich.

Der Einsatz fossiler Energieträger und der große jährliche Energieverbrauch tragen zum Anteil der Städte an der Verantwortung bei und erhöhen gleichzeitig ihre Energieabhängigkeit (Collins et al., 2000).

Eine nachhaltige Stadtentwicklung wird in den kommenden Jahren unumgänglich sein (United Nations Human Settlements Programme, 2009). Auch wenn die

Anwendung des Konzepts der nachhaltigen Entwicklung nach wie vor schwierig ist, gibt es lokale Strategien, die allgemein als nachhaltig anerkannt werden (Pincetl, 2010).

KAPITEL 6: Das Konzeptgebäude des neuen Städtebaus

Das Konzeptgebäude des neuen Städtebaus, übersetzt aus dem Englischen New urbanism, ist ein Ansatz, der als Leitfaden für eine nachhaltige Entwicklung anerkannt ist (Jepson and Edwards, 2005). Dieser Ansatz, der sowohl von den Kleinstädten im Süden der USA als auch von den kompakten europäischen Städten inspiriert wurde, folgt ebenfalls den Grundsätzen der nachhaltigen Entwicklung. Das konzeptionelle Gebäude des neuen Städtebaus zielt jedoch auf eine lokalere Anwendung als Smart Growth ab, da es auf Entwicklungs- und Designprojekten beruht (Ouellet, 2006).

Im Gegensatz zum Smart Growth wird im Konzeptgebäude der neuen Stadtplanung dem architektonischen Design und den Qualitäten und Besonderheiten traditioneller Stadtentwicklungen mehr Aufmerksamkeit geschenkt (Communauté métropolitaine de Québec, 2010). Dieser Ansatz ist stark auf das Stadtdesign ausgerichtet. Er legt den Schwerpunkt auf das Visuelle und die Gestaltung des Viertels, um die Lebensqualität zu verbessern (Jepson and Edwards, 2005).

1. Grüne Urbanistik

Green urbanism ist ein Ansatz, der sowohl die städtebauliche als auch die ökologische Dimension umfasst. Er betont die wichtige Rolle von Städten und Stadtplanung bei der Entwicklung nachhaltigerer Orte, Gemeinschaften und Lebensstile.

Der grüne Urbanismus betont, dass die Ansätze der Stadtplanung heute unvollständig sind und erweitert werden müssen, um die Ökologie zu berücksichtigen (Beatley, 2000). Die grüne Stadtplanung ist gewissermaßen ein Derivat der neuen Stadtplanung, ist jedoch stark umweltorientiert, da eines ihrer Hauptziele darin besteht, den ökologischen Fußabdruck der Städte erheblich zu verringern.

Die Mehrheit der Stadtdesigner ist sich über die folgenden Prinzipien für eine grüne Stadtplanung einig:

Städte und Siedlungsgebiete sollten Priorität haben, da dort die meiste Energie verbraucht und der meiste Abfall produziert wird;

- Nachhaltigkeit ist in städtischen Gebieten am effektivsten, wenn die Entwicklung derselben Gebiete auf den Grundsätzen einer nachhaltigen Stadtentwicklung beruht;

- Fragen im Zusammenhang mit Stadtplanung, Dichte, öffentlichen

Verkehrsmitteln, Zersiedelung, Wassermanagement, Ausrichtung nach der Sonne, Beleuchtung; tagsüber, Bausysteme, Versorgungsketten usw. sind absolut entscheidend für die Entscheidungsfindung bei der Stadtplanung;

- Ein Modell einer kompakten, gemischt genutzten Stadt stellt die optimale Raumnutzung und die zukünftige Landnutzung einer Stadt dar (Lehmann, 2007). Wie der Neue Urbanismus ist auch der Grüne Urbanismus hauptsächlich auf die Infrastruktur ausgerichtet. Aspekte wie Gemeinschaft und Energie werden kaum angesprochen. Dieser Entwicklungsansatz ist weniger konsensfähig als die anderen vorgestellten Ansätze. Die Definition und die Ziele bleiben unklar und die Prinzipien sind nicht unumstritten.

2. Ökoquartier

Auf den ersten Blick ist ein Ökoquartier ein Entwurf, der die Prinzipien der nachhaltigen Entwicklung integriert, indem er vor allem auf neue Umwelttechnologien setzt, um den Energieverbrauch und den ökologischen Fußabdruck so weit wie möglich zu reduzieren.
Die Ziele eines Ökoviertels liegen hier und heute in der Verbesserung der Qualität des Lebensumfelds, der Reduzierung der Umweltauswirkungen und des Energieverbrauchs innerhalb des Viertels sowie in der Erreichung eines besseren Verkehrsmanagements. Die Planungsprinzipien eines Ökoviertels sind in Tabelle 2 dargestellt.
Tabelle 2 Gestaltungsprinzipien des Ökoviertels
Innovative und nachhaltige Architektur: Ökodesign
- Verwendung von nachhaltigen Materialien wie Holz oder Materialien, die recycelte Fasern enthalten, erhöhte Isolierung und Dichtigkeit, Sonneneinstrahlung auf die Fenster.
Verwaltung und Behandlung der Ressource Wasser
- Verringerung des Trinkwasserverbrauchs und umweltfreundlicher Umgang mit Regenwasser;
- Beachtung des Wasserkreislaufs.
Energieeffizienz
- Nutzung neuer Technologien, z. B. Geothermie zum Heizen oder Kühlen von Gebäuden, und erneuerbarer Energien, insbesondere Solarenergie.
Grünflächen, pflanzliches Erbe und Biodiversität
- Anlage von Grünflächen, Anpflanzung von Bäumen und Integration von

Gründächern, um die durch Gebäude und Pflasterung verursachte Hitze zu verringern. Produktion und Verarbeitung von Reststoffen
- Integrierte Verwaltung von Reststoffen innerhalb des Projekts durch Mülltrennung, Recycling, Kompostierung und Verwertung.

Parken
- Einrichtung von unterirdischen Parkplätzen, um den Platzbedarf für oberirdische Flächen und Wärmeinseln zu verringern;
- Festlegung einer Höchstzahl von Parkplätzen.

Verkehr: sanfte und saubere Fortbewegungssysteme
- Einrichtung eines Straßennetzes, dessen Design den Fußgängerverkehr fördert;
- Anreize für die Nutzung öffentlicher Verkehrsmittel, um die Nutzung von Autos, die Luftverschmutzung, den Energieverbrauch und den Ausstoß von Treibhausgasen zu verringern;
- Vernetzung von Fuß- und Radwegen zur Förderung der aktiven Fortbewegung.

Quelle: Anonym, 2012

Laut dem französischen Ministerium für Ökologie, nachhaltige Entwicklung, Verkehr und Wohnungswesen (2011) ist ein Ökoquartier ein beispielhaftes nachhaltiges Planungsvorhaben, das zur Verbesserung der Lebensqualität beiträgt und gleichzeitig die Herausforderungen von morgen berücksichtigt. Laut dem Europäischen Netzwerk für nachhaltige Stadtentwicklung sollte die Einrichtung eines Öko-Viertels einem definierten Projektplanungsansatz folgen, um folgende Ziele zu erreichen:

- Auf die großen Herausforderungen unseres Planeten reagieren: Treibhauseffekt, Erschöpfung der natürlichen Ressourcen, Erhalt der Artenvielfalt usw;
- Auf lokale Herausforderungen reagieren: Arbeitsplätze, Aktivitäten, soziale Gerechtigkeit, Mobilität, Kultur, Verbesserung der Lebensqualität der Bewohner und Erfüllung ihrer Erwartungen;

Beitrag zur Nachhaltigkeit der Gemeinde oder des Ballungsraums: Strategie der kontinuierlichen Verbesserung, Reproduzierbarkeit usw. (Europäisches Netzwerk für nachhaltige Stadtentwicklung)

Das Ökoquartier unterscheidet sich von anderen Entwicklungsansätzen dadurch, dass es auf einen Stadtteil beschränkt ist und nicht für eine ganze Gemeinde gilt. Es zielt auf die Entwicklung einer nachhaltigen Gemeinschaft innerhalb eines Stadtteils ab, ohne jedoch die Entwicklung außerhalb der Grenzen des Stadtteils zu berücksichtigen.

4. Nachhaltige Siedlung

Ein nachhaltiges Quartier kommt der Definition eines Ökoquartiers sehr nahe, mit der Ausnahme, dass es auf einem ganzheitlicheren Ansatz basiert. Insbesondere hat das nachhaltige Quartier eine eigene Zertifizierung, LEED-ND, die in Abschnitt 1.4 vorgestellt wird. Dies macht das nachhaltige Quartier zu einer kontrollierten Bezeichnung (Communauté métropolitaine de Québec, 2010). Die folgenden Elemente stellen Grundsätze dar, die bei der Bezeichnung eines nachhaltigen Quartiers in Québec zu beachten sind:
Kompakte Entwicklung, die auf Verdichtung und Konsolidierung der Bebauung setzt;
- Vielfalt und Ausgewogenheit der städtischen Funktionen
- Vielfalt der Wohntypologie;
- Neuentwicklung innerhalb des städtischen Rasters und Umnutzung bestehender Gebäude;
- Verbesserte Zugänglichkeit zu den verschiedenen städtischen Funktionen, die durch kürzere Pendeldistanzen zwischen Arbeitsplätzen, Wohngebieten, Dienstleistungen und Geschäften begünstigt werden;
- Gestaltung und Zugänglichkeit von öffentlichen Räumen;
- Bau von LEED-zertifizierten grünen Gebäuden innerhalb der Entwicklung;
- Minimierung der Auswirkungen auf den Standort während der Planung und des Baus;
- Erhaltung der natürlichen Ressourcen;
- Effizientes Management von Sanitär- und Regenwasser;
- Verringerung der Abhängigkeit vom Auto;
- Mise en place d'aménagement favorisant l'utilisation des transports actifs et collectifs (Communauté métropolitaine de Québec, 2010).
Der Begriff nachhaltiges Quartier wird häufig mit dem Begriff Ökoquartier verwechselt. Während diese Bezeichnungen in Québec für unterschiedliche Einheiten stehen, ist dies nicht überall der Fall. In Frankreich hat sich aufgrund zahlreicher Verwechslungen die Bezeichnung Ecoquartier durchgesetzt, die heute sowohl das Ecoquartier als auch das nachhaltige Quartier bezeichnet (Réseau européen du développement urbain durable,). Diese Verwirrung aufgrund der Ähnlichkeit zwischen den beiden Ansätzen macht die Anwendung dieser Entwicklungsansätze komplexer.

5. Warum unbedingt ökosystemisch

Die Bevölkerungsexplosion der letzten Jahrzehnte hat neben zahlreichen

Ungleichgewichten auch einen sehr aggressiven Urbanisierungsprozess ausgelöst. Mehr als zwei Drittel der europäischen Bevölkerung leben in Städten. Als Lebenszentrum einer bestimmten Region stellt die Stadt eine funktionale und dynamische Einheit aus künstlichen und halbnatürlichen Systemen dar. Dieses Ensemble wird von den Verbrauchern dominiert und durch Feedbackprozesse reguliert, die hauptsächlich von den sozioökonomischen Systemen über die politische und entscheidungsrelevante Komponente ausgehen.

Trotz ihrer Einschränkungen impliziert diese Definition, dass die Stadt ein besonderes Ökosystem ist und als solches betrachtet werden muss und dass ihr Leben davon abhängt, wie ihre Funktionsweise die Gesetze der Ökologie beachtet. Darüber hinaus lenkt sie die Aufmerksamkeit auch auf die Komplexität der Struktur und Funktionsweise von Städten. Die Fragen: Wie ist die Situation? Warum ist es so? Und: Wie soll gehandelt werden? können nur durch eine multidisziplinäre Forschung sowie eine umfassende und systemische Interpretation beantwortet werden. Ein solcher Ansatz ist nicht einfach. Er erfordert ernsthafte Interessenkonflikte, große menschliche und materielle Anstrengungen und viele Stunden der Forschung, um optimale Lösungen zu finden.

KAPITEL 7: Besonderheiten des städtischen Ökosystems

Die Stadt dehnt sich in beschleunigter Weise aus und ersetzt die traditionelle natürliche und/oder ländliche Landschaft durch die städtische Landschaft;
-Das Bevölkerungswachstum in den Städten ist hauptsächlich auf die massive Zuwanderung zurückzuführen, weit weniger auf das natürliche Wachstum;
-Die extrem geringe Primärproduktion wird durch die massive Zufuhr von Material ersetzt, das manchmal von sehr weit her kommt;
-Der Energieverbrauch steigt exponentiell an und basiert hauptsächlich auf nicht erneuerbaren Ressourcen;
- Die biogeochemischen Kreisläufe sind unvollständig und greifen sehr häufig mit Schadstoffen ineinander, wodurch die Parameter für die Umweltqualität sinken;
- Die Biodiversität ist gering, da das städtische Umfeld vor allem "urbanophile" Organismen begünstigt;
-Die trophischen Netzwerke sind stark vereinfacht, mit kurzen trophischen Ketten und großen Energieverlusten;
- Sie werden von den Zersetzern nicht wiederverwertet, sondern sammeln sich auf begrenzten Flächen an oder werden durch zusätzliche Energiezufuhr vernichtet;
- Die Stadt verändert direkt und indirekt den Ökosystemkomplex des Umlandes und sogar Ökosysteme, die sich in beträchtlicher Entfernung befinden;
- Die Selbstregulierung wird in der Regel durch die künstliche Regulierung ersetzt, die von einer Steuerzentrale (der Politik) vorgenommen wird.

1. Flüsse im städtischen Ökosystem

Das städtische Ökosystem wird von bestimmten Strömen durchzogen, die für sein Funktionieren von größter Bedeutung sind. Die in diese Ströme eingebundenen Ressourcen (Wasser, Energie, Rohstoffe usw.) sind mehr oder weniger großen und fortgeschrittenen qualitativen und quantitativen Veränderungen unterworfen, die die sozioökonomische Aktivität der Stadt bestimmen und erhebliche Auswirkungen auf die Umwelt haben. Um die negativen Auswirkungen zu begrenzen, ist ein ökosystemarer Ansatz im Falle dieser Ströme erforderlich.
So leidet beispielsweise das Wasser, das durch das städtische System fließt, in der Regel sowohl unter erheblichen Qualitätsveränderungen als auch unter dem Übergang und der Umwandlung von einer Kategorie in eine andere: Grundwasser, Oberflächenwasser, Wasserdampf. Es sind diese qualitativen Veränderungen

zwischen Input und Output, die so weit wie möglich verringert werden müssen. Dies kann durch eine korrekte und vollständige Reinigung des Abwassers und eine angemessene Lenkung der Wasserströme erreicht werden. In diesem Zusammenhang ist auch eine vorausschauende Steuerung der außergewöhnlichen Flüsse, die durch Hochwasser entstehen, von großer Bedeutung.

2. Wie man handelt
Die Lösungen, die für jede konkrete Situation geeignet sind, können wie folgt identifiziert werden: Eine gute Kenntnis der Realität jeder Stadt, die als Teil einer materiellen Realität verstanden wird;
- einen gemeinsamen Handlungswillen aller beteiligten Akteure;
- eine Mitarbeit in komplexen und kompetenten Teams ;
- Erstellung von ökologischen Managementplänen, die nach einem konstruktiven "Dialog" von der Gemeinde akzeptiert werden.

3. Wahrnehmung und Anfälligkeit der Bevölkerung für Erosionsrisiken in städtischen Gebieten
Die Wahrnehmung des erosiven Risikos ist die Darstellung des Phänomens durch Empfindungen. Es ist auch eine Art, sich bewusst zu werden, etwas zu wissen, etwas zu begreifen, zu unterscheiden und durch seine Argumentation zu verstehen. Tatsächlich untersuchen wir die Empfindungen, die die Bevölkerung hat, wenn es in städtischen Gebieten regnet. Der Schwerpunkt liegt auf den Gefühlen, die die Bevölkerung bei Regen empfindet, und den Vorsichtsmaßnahmen, die sie ergreift. Die Wahrnehmung des Erosionsrisikos ist ein grundlegendes Element bei der Untersuchung der Erosion und des Risikomanagements. Wenn die Bevölkerung das Erosionsrisiko kennt und sich dessen bewusst ist, können die Schäden begrenzt werden. Das Bewusstsein und die Kenntnis des Risikos sind ein Produkt der Wahrnehmung.

Die Anfälligkeit der Bevölkerung wurde anhand der Methoden beurteilt, die sie zur Bekämpfung der Erosion empfiehlt oder anwendet. In dieser Hinsicht ist die Wahrnehmung der Bevölkerung über die Mittel zur Bekämpfung der Erosion in gewissem Maße ein Indikator für die Anfälligkeit der Bevölkerung gegenüber dem Phänomen. Daher haben wir diesen Parameter untersucht, d. h. die Mittel, die die Bevölkerung einsetzt, um sich vor Erosionen zu schützen oder sie zu bekämpfen, und zwar in Abhängigkeit von Geschlecht und Bildungsniveau. Um die verschiedenen Ergebnisse zur Anfälligkeit der Bevölkerung für Erosionsrisiken in den Stadtvierteln des Untersuchungsgebiets zusammenzufassen, werden wir uns auf die Elemente stützen, die wir zu Beginn dieses Kapitels genannt haben. Diese Elemente lassen sich auf einer Skala verorten, die vom Vorhandensein bis zum Fehlen von Erosionsrisiken reicht. Ihre Kombination bestimmt die sogenannte Schuld, d. h. den Spielraum für die Freiheit des Wohnens, die Macht oder die Unfähigkeit zu handeln (Sen, 1999). Dennoch wird versucht, die Ursachen aufzuzählen, die die Bevölkerung und den Lebensraum erosiven Risiken aussetzen.

Insgesamt verfügen die untersuchten Bevölkerungsgruppen über relativ geringe Selbstschutzfähigkeiten. Sie unterscheiden sich jedoch deutlich zwischen den einzelnen Familien.

Der soziale Schutz, der diesen Familien zur Verfügung steht, ist jedoch relativ gering; er kann aber auch differenziert sein, insbesondere diejenigen, die über die Mittel verfügen. Die Anfälligkeit der Bevölkerung für erosive Risiken ist eine Realität, die durch die Aussagen der Bewohner bestätigt wird. Die verschiedenen Schäden, die durch das Phänomen der Erosion verursacht werden, zeigen die Unfähigkeit der Bevölkerung, ihren Mangel an Mitteln und technischer Expertise, das Voranschreiten der verschiedenen Schluchten zu stoppen.

4. Empfindungen der Angst

Die Umfrage ergab, dass durchschnittlich 91,3 % der Befragten in den verschiedenen Stadtvierteln von Brazzaville in extremer Angst leben. Grundsätzlich wird diese Angst durch die Nähe der Schluchten genährt, die die Häuser zerstören. In Massina lebten 89,7 % der Befragten in Angst, in Matari waren es 83,3 % der Befragten, die in Angst lebten. Diese Zahlen deuten auf eine gute Wahrnehmung des Risikos und der Bedrohung durch die Bevölkerung hin. Dies öffnet den Blick auf das Paradigma der Reziprozität. Dieses Paradigma lässt sich anhand der Trends in Kingouari und Kinsoundi erkennen, wo 80-86% der Befragten ebenfalls Angst vor der Ankunft und während der Regenzeit empfinden. Dieser Zustand unterstreicht die Bewegung des genannten Paradigmas, das sich durch die Identität der Beziehung zwischen der Umwelt und der Bevölkerung stellt und absetzt.

KAPITEL 8: Angst vor Überschwemmungen - ein weit verbreitetes Gefühl der Bevölkerung

Insgesamt ist festzustellen, dass mehr als drei Viertel der Bevölkerung Angst vor den Folgen von Schlammlawinen haben. Dieses Gefühl der Angst wird bei Regenfällen verstärkt und wird sowohl von der Bevölkerung in ländlichen als auch in städtischen Gebieten geteilt. Das Ausmaß der Angst ist nicht gleich, da die Angst in städtischen Gebieten höher ist als in ländlichen Gebieten. Die Angst ist in städtischen Gebieten höher, weil es dort viele Schluchten gibt, die die Städte verschandeln.

Das Voranschreiten dieser Schluchten wird als echte Gefahr wahrgenommen. A. Colmar, C. Walter, Y. Le Bissonnais, G. Aké (2010) in der Region Bonoua (im Südosten der Elfenbeinküste) zeigen, dass die Menschen in dieser Region während der Regenfälle Angst haben. Das Gefühl der Angst, das diese Menschen empfinden, wird durch die Gefahr der Erosion, die die Umwelt schädigt, noch verstärkt. Die Studien von B. Kokolo (2012) zeigen deutlich, dass die Bevölkerung ständig Angst hat, da die Anzahl der Schluchten mit jedem Regenereignis zunimmt. Daroussin (2010) sagt, dass das Gefühl der Angst von der Bevölkerung sehr stark empfunden wird, da sie glauben, dass das Phänomen der Erosion ein echtes Umweltproblem darstellt, das alles zerstört, was sich ihm in den Weg stellt. A. Andongui (2008) in Brazzaville betont, dass der Mensch auf diesen physikalischen Prozess einwirkt, indem er ihn verstärkt oder verringert. In den Vierteln 69 und 173 in Mikalou werden die schädlichen menschlichen Aktivitäten hauptsächlich durch Bodenaushub und den Bau von Wohnsiedlungen und Straßen repräsentiert. Die Bodenerosion durch Wasser ist das Ergebnis des Zusammenspiels von statischen und dynamischen Faktoren. Statische Faktoren stehen im Zusammenhang mit der Anfälligkeit des Geländes. Sie stellen ein spezifisches Merkmal der Umgebung dar, das von der Beschaffenheit des Geländes abhängt und von dynamischen Faktoren unabhängig ist.

Niederschläge lösen den Prozess der Wassererosion aus, während die Vegetation diesen Prozess begrenzt, was dazu führt, dass dem Klima eine zerstörerische Wirkung und der Vegetation eine schützende Wirkung zugeschrieben wird. Je nachdem, wie der Mensch seine Aktivitäten ausübt, wirkt er sich positiv oder negativ auf den Prozess der Wassererosion in Mikalou aus. Die statistische Auswertung der Felddaten zeigt, dass die menschliche Aktivität die Anfälligkeit des Bodens für Wassereinwirkung (Regen oder Abfluss) am stärksten erhöht.

1. Wahrnehmung der Erosionsursachen durch die Bevölkerung

Es gibt mehrere Ursachen, die das Phänomen der Erosion in den Städten Subsahara-Afrikas rechtfertigen können, unter anderem der Mangel an Rinnen und die Fragilität des Standorts. Es gibt jedoch Nuancen in der Wahrnehmung dieser Ursachen, die von Stadt zu Stadt unterschiedlich sind. Bezüglich des Mangels an Rinnen. In Kinshasa ist der Mangel an Rinnen auf die schlechte Politik der städtischen Raumplanung zurückzuführen. Was die Anfälligkeit des Standorts betrifft, so ist dies auf die Topografie des Standorts zurückzuführen, d. h. die starken Gefälle und den Verlauf der Hänge, wodurch die Stadt für Wassererosion prädisponiert wird. Neben den wissenschaftlichen Gründen werden auch übernatürliche Geister oder Genies als Ursachen für die Erosion genannt (Ilunga, 2006).

L. Ngassaki-Ignongui (2010), die zeigte, dass die Bevölkerung in den Stadtteilen Ngamakosso und Mama Mboualé-Petit-chose eine gute Wahrnehmung der Erosionsursachen hat. Ziel war es, zu zeigen, wie diese Indikatoren zu einer besseren Kenntnis der Anfälligkeit des Gebiets beitragen können.

Durch die Aufzählung der Ursachen, der Erscheinungsformen (sehr spektakuläre rückläufige Schluchten, Lockerung der Fundamente von Häusern und Bäumen) und der daraus resultierenden Auswirkungen (Verlust von Wohnraum, Vergrößerung der Randgebiete, verschiedene Unfälle mit oder ohne Verlust von Menschenleben, Versandung von Orten oder Wohnhütten, Bruch von Deichen etc.).

2. Anfälligkeit der Bevölkerung gegenüber Erosionsrisiken

In der klassischen Risikoanalyse werden Gefahren und Verwundbarkeit miteinander verknüpft, wobei letztere als Stiefkind erscheint, während die Gefahren die ganze Aufmerksamkeit auf sich ziehen. Dies hängt zum einen mit der Geschichte der Risikoforschung zusammen, zum anderen mit dem schwer zu fassenden Begriff der Verwundbarkeit selbst. Der Begriff ist in der Tat polysem: Die verschiedenen Akteure verwenden ihn in unterschiedlichen Bedeutungen, die manchmal schwer miteinander vereinbar sind. Darüber hinaus stellt der operative Charakter des Konzepts ein Problem dar. Vereinfacht gesagt, kann man Vulnerabilität entweder als den Schaden definieren, den ein Einsatz erleidet, oder als die Neigung des Einsatzes, diesen Schaden zu erleiden. Jedes zu schützende System hat einen unterschiedlichen Grad an Verwundbarkeit gegenüber Gefahren oder einen Anteil an intrinsischer Verwundbarkeit, der von den spezifischen Eigenschaften des Systems abhängt. Die Anwesenheit des Menschen an diesen empfindlichen Standorten schafft daher eher günstige Bedingungen für eine Verschärfung des Erosionsprozesses. Da die Siedlungen anfällig sind, erhöhen die Hausdächer das Volumen des Wassers, das direkt auf den Boden fällt, und da es an diesen Orten keine Straßen und andere Abflussmöglichkeiten in Hangrichtung gibt, wird die lockere Erde von den Wasserströmen weggespült. Diese Erosion kann durch eine ständige Sensibilisierung der Bevölkerung, durch Maßnahmen zur Kanalisierung des abfließenden Wassers und durch das Verbot, gefährdete Gebiete zu besiedeln, verringert werden.

Die Menschen kennen die Formen, Ursachen und Auswirkungen der Erosion, die in ihren jeweiligen Stadtvierteln auftreten. Sie setzen oft, ohne großen dauerhaften Erfolg, mehrere Mittel zur Bekämpfung ein: das Anpflanzen von Vegetation und das Aufstellen von mit Erde gefüllten Säcken, Müll, Bodenreifen. Trotz dieser prekären Ansätze bleibt das Erosionsphänomen für sie eine ständige Sorge, da sie aufgrund unzureichender finanzieller Mittel nicht in der Lage sind, Gabionen und andere Arbeiten durchzuführen, die für die Stabilisierung des Geländes unerlässlich sind. Diese Initiativen und Haltungen, die zur Minderung des Erosionsrisikos beitragen, stellen einen gangbaren Weg dar.

Vor diesem Hintergrund haben B. Mayima und L. Sitou (2013) die Anfälligkeit der Bevölkerung für Wassererosion im städtischen Umfeld hervorgehoben. Die Einzugsgebiete der Flüsse Mfilou und Kingouari liegen im Südwesten von Brazzaville. In diesen Einzugsgebieten ist die erosive Dynamik aufgrund der Schäden, die sie kontinuierlich verursacht, sehr besorgniserregend. Die Aggressivität des Regens ist die Hauptursache für diese Erosion, die durch mehrere erschwerende Faktoren verstärkt wird.

Die Feldarbeit bestand darin, das Phänomen der Erosion zu beschreiben und die durchschnittlichen Abmessungen (Länge, Breite, Höhe) der wichtigsten Schluchtformen zu messen. Anhand dieser Messungen konnten die Flächen der Formen und anschließend die Volumina der entstandenen Hohlräume berechnet werden. Die Schluchten wurden so durchschnitten, dass jeder Abschnitt eine geometrische Form aufwies. Die wichtigsten geometrischen Formen, die angetroffen wurden, waren: Abschnitte in Form eines rechteckigen und trapezförmigen Prismas.

Die Lage der Straßen in Richtung der Hänge, die überall eine Neigung von mehr als 20% aufweisen, die Bevölkerungsdichte, die für die Bodenverdichtung verantwortlich ist, aber auch die gefährliche Besetzung gefährdeter Standorte aufgrund der Unterspülbarkeit des sandigen Materials. Die

Regenwasserkanalisation und die Müllabfuhr sind Faktoren, die den Abflüssen eine große Zerstörungskraft verleihen.

3. Langsame Entstehung von Verwundbarkeit
Die Grenzen des Schutzes haben gezeigt, dass eine ausschließliche Fokussierung auf die Gefahr unzureichend ist. Wissenschaftler und Ingenieure, insbesondere in den USA, versuchten, mit dem Begriff des Einsatzes eine soziale Komponente einzuführen. Zunächst ging es nur darum, die physischen Auswirkungen der Gefahr auf diese Einsätze in Form von Schäden zu bewerten. Nach und nach wurde die Korrelation zwischen dem Schaden und der physischen Widerstandsfähigkeit des Einsatzes, d. h. seiner eigenen Anfälligkeit, hervorgehoben. Gleichzeitig wird die Notwendigkeit betont, den Grad der Exposition zu berücksichtigen.
Gleichzeitig heben die Sozialwissenschaften die Bedeutung sozialer Faktoren hervor und zeigen, dass es eine soziale Verwundbarkeit gibt, d. h. eine den Herausforderungen innewohnende Anfälligkeit, die eben von kognitiven, sozioökonomischen, politischen, rechtlichen, kulturellen usw. Faktoren abhängt. Die Anfälligkeit wird dann als die Unfähigkeit definiert, mit einem Risiko umzugehen (coping capacity). Sie hängt von mehreren Elementen ab: der Fähigkeit, das Auftreten der Gefahr zu antizipieren der Fähigkeit, sich an die Existenz dieser Gefahr anzupassen (kennen/vorhersagen/warnen); der Fähigkeit, sich an die Existenz dieser Gefahr anzupassen (Maßnahmen zur Verringerung der Gefahr oder zum Schutz/zur Verringerung der Exposition) ; Vorbereitung der Gesellschaft auf den Notfall (Krisenmanagementpläne/Simulationsübungen); Verhalten der Gesellschaft während der Krise (Notfallmanagement/Anpassungsfähigkeit/Reaktionsfähigkeit); Fähigkeit, den Wiederaufbau zu antizipieren und so schnell wie möglich durchzuführen (Resilienz).
In Anlehnung an diese Entwicklung versuchen französische Geografen, die Zunahme der Schäden durch die Auswirkungen anthropogener Maßnahmen auf die Gefährdung zu erklären. Sie zeigen insbesondere, wie die Urbanisierung die Gefahren verschärft und die Exposition erhöht (Carreño, 1994). Sie betonen auch die Anfälligkeit der Baumaterialien und die technische Unfähigkeit, die wiederum mit der Unterentwicklung zusammenhängt. Geographen verwenden häufig einen semi-quantitativen (Lavigne und Thouret, 1994) oder quantitativen (Leone et al., 1994) Ansatz, um Karten der Verwundbarkeit zu erstellen. Ab den 1990er Jahren führen sie in ihren Arbeiten auch die soziale Verwundbarkeit ein. 1994 verwendete A.-C. Chardon beispielsweise sozioökonomische Faktoren in seiner Studie über

die Verwundbarkeit der Stadt Manizales in Kolumbien (Chardon, 1994). Die Studie veranschaulicht damit, dass die Stadtteile, die physisch am verwundbarsten sind, auch diejenigen sind, die sozial am verwundbarsten sind. Mit anderen Worten, sie unterstreicht, dass Risikomanagementmaßnahmen sowohl auf technischer als auch auf sozialer Ebene ansetzen müssen.

4. Finanzierungsmodalitäten für die Verringerung des Katastrophenrisikos

Regelmäßige Finanzierungen stammen in der Regel aus den Einnahmen der Stadt, aus Auszahlungen der nationalen öffentlichen Behörden oder aus Zuweisungen an verschiedene sektorale Abteilungen. Im Katastrophenfall haben betroffene Städte Anspruch auf zusätzliche Mittelzuweisungen aus nationalen und internationalen Quellen für Interventionen und Hilfsmaßnahmen sowie später für die Unterstützung der Wiederaufbaubemühungen.

KAPITEL 9: Vollständige Nutzung der lokalen Kapazitäten und Ressourcen

Die erste Finanzierungsquelle, an die man sich wenden sollte, um die für die Reduzierung des Katastrophenrisikos erforderlichen Mittel zu erhalten, ist die Kommunalverwaltung. Die meisten Stadtverwaltungen erheben Einnahmen in Form von Verwaltungsgebühren, Steuern, Gebühren, Anreizen, Bußgeldern oder Kommunalobligationen, die einen Teil des jährlichen Haushalts der Stadt ausmachen. Die Stadt kann entscheiden, ob sie ihre Ausgaben für die Entwicklung und Steigerung ihrer Vitalität verwendet und gleichzeitig Maßnahmen ergreift, um das Katastrophenrisiko zu minimieren und ihre Widerstandsfähigkeit gegenüber Katastrophen zu erhöhen.

1. Die Finanzierung von Katastrophenrisiken ist eine gemeinsame Verantwortung

Eine solche Verantwortung muss auf alle am Prozess Beteiligten verteilt werden, d. h. auf die Behörden auf lokaler, provinzieller und nationaler Ebene, den Privatsektor, die Industrie, NGOs und die Bürger. Auch Stiftungen oder Kooperationsorganisationen können als Geldgeber fungieren. Ein gegenseitiges Verständnis zwischen diesen verschiedenen Einheiten ermöglicht es der Stadt, besser gegen Katastrophenrisiken gewappnet zu sein. In einer solchen Situation ist es auch leichter, innovative Kooperationen und Allianzen zwischen dem öffentlichen und privaten Sektor und kommunalen Gruppen für die Entwicklung spezifischer Projekte aufzubauen.

2. Andere als finanzielle Ressourcen

Möglichkeiten mit hohem Mehrwert in Bezug auf technische Unterstützung, Informationstransfer, allgemeine und berufliche Bildung können von Universitäten, Organisationen der Zivilgesellschaft, technischen und regionalen Einrichtungen bereitgestellt oder durch den Austausch mit anderen Kommunen kostengünstig oder sogar kostenlos erlangt werden.

3.   Ressourcenzuweisung ist abhängig von einer klar definierten Strategie und einem Plan

Um Zugang zu Ressourcen zu erhalten, muss eine Stadt über bereits etablierte Strategien, Richtlinien, Pläne und Mechanismen verfügen. Ein strategischer Plan stellt sicher, dass Projekte zu den festgelegten Zielen beitragen, und kann auch dazu dienen, Budgets für bestimmte Projekte zur Risikominderung zuzuweisen.

4. Finanzierungsmöglichkeiten nach einer Katastrophe
In Katastrophensituationen können Städte bestimmte nationale oder internationale Hilfsgelder erhalten, die unter anderem von NGOs, nationalen Regierungen oder internationalen Organisationen stammen. Einige Länder sehen spezielle Haushaltszuweisungen zur Unterstützung der Wiederaufbaubemühungen vor, die zusätzlich zu den Eigenmitteln der von Katastrophen betroffenen Städte bereitgestellt werden. Diese Bestimmungen sind den lokalen Regierungen nicht immer bekannt. Daher sollten sie sich über alle möglichen Optionen und verfügbaren Ressourcen informieren, die notwendigen Beziehungen herstellen, um auf diese zugreifen zu können, und im Vorfeld einer Katastrophe die entsprechenden Vorkehrungen treffen.

KAPITEL 10: Die sozioökonomischen Auswirkungen des Klimawandels auf den Wasserkreislauf

"Beobachtungsdaten und Klimaprojektionen belegen weitgehend, dass Süßwasserquellen anfällig sind und stark unter dem Klimawandel leiden werden, mit großen Auswirkungen auf die menschliche Gesellschaft und die Ökosysteme."[14]

Die Messung der Auswirkungen hydrologischer Veränderungen aufgrund der globalen Erwärmung ist aufgrund der Unsicherheiten, die mit der großen Variabilität des hydrologischen Zyklus an sich und auch mit dessen Querschnittscharakter verbunden sind, ein sehr schwieriges Unterfangen. Der hydrologische Zyklus und damit die Verfügbarkeit von Wasser reagieren sehr sensibel auf menschliche Aktivitäten. Daher ist es sehr schwierig, die Auswirkungen des Klimafaktors bei der Analyse der Verfügbarkeit von Wasserressourcen zu isolieren. Im Allgemeinen werden die negativen Auswirkungen des Klimawandels auf die Verfügbarkeit von Wasser jedoch größer sein als die positiven.

Die Zunahme der Unsicherheit ist also an sich schon die wichtigste Auswirkung des Klimawandels auf die Verfügbarkeit von Wasserressourcen, mit Folgen, die für die Wasserwirtschaft von großer Bedeutung sein können. Alle Wasserakteure müssen daher lernen, mit dieser zunehmenden Unsicherheit umzugehen, indem sie Managementinstrumente einsetzen, die an diese neue Gegebenheit angepasst sind.

1. Am stärksten von den Auswirkungen des Klimawandels betroffen werden die anfälligsten sein

Generell sind die am stärksten von den Auswirkungen des Klimawandels betroffenen Bevölkerungsgruppen am anfälligsten, und die Auswirkungen im Zusammenhang mit Wasser veranschaulichen diesen Trend sehr gut. Dies lässt sich vor allem durch zwei Faktoren erklären:
- der stärkste Klimawandel wird sich in Entwicklungsregionen mit hohen Armutsraten bemerkbar machen. In den trockenen ariden und subtropischen Regionen Afrikas werden die Klimaveränderungen bis 2100 voraussichtlich am stärksten sein. So müssen Regionen, die bereits von starker Aridität betroffen sind,

---

[14] Bates, B. C., Z. W. Kundzewicz, S. Wu und J. P. Palutikof, Hrsg., 2008: Climate change and water, Technical document published by the Intergovernmental Panel on Climate Change, IPCC Secretariat, Geneva, 236 pp.

wie die Sahelzone, mit einer Zunahme von Dürreperioden rechnen. Die afrikanische Bevölkerung könnte beispielsweise viel stärkerem Wasserstress ausgesetzt sein und von 47% der Bevölkerung mit Wasserstress im Jahr 2000 auf 65% im Jahr 2025 ansteigen. In Asien ist die Verteilung von Wasser über das Land sehr ungleich, und diese Ungleichheit dürfte sich mit dem Klimawandel noch verschärfen.

- Sozioökonomische Faktoren und ein differenzierter Entwicklungsstand bedingen die Widerstandsfähigkeit von Gesellschaften und Einzelpersonen gegenüber diesen Veränderungen. Die mit dem Klimawandel verbundenen Risiken sind daher differenziert. Die am wenigsten entwickelten Länder und die Entwicklungsländer sind und werden am stärksten vom Klimawandel betroffen sein, und zwar umso mehr, wenn die Lebens- und Produktionsweisen stark von natürlichen Ressourcen und der Verfügbarkeit von Wasser abhängen. In den Industrieländern werden marginalisierte und in prekären Verhältnissen lebende Bevölkerungsgruppen ebenfalls anfälliger für den Klimawandel sein.

2. Auswirkungen auf den Zugang zu Wasserressourcen

Die Klimaagenten, die für die Verfügbarkeit der Wasserressourcen eine Rolle spielen, sind vor allem Niederschlag, Temperatur und Verdunstungsbedarf. Es wird erwartet, dass die Winterabflüsse zunehmen und die Frühjahrsabflüsse abnehmen werden. Der in einigen Regionen erhöhte Abfluss wird nur dann von Vorteil sein, wenn es eine geeignete Infrastruktur für das Auffangen und Speichern dieses zusätzlichen Wassers gibt. Die Verfügbarkeit von Wasserressourcen wird auch durch nicht-klimatische Faktoren wie Landnutzungsänderungen, den Bau und die Verwaltung von Wasserspeichern, Schadstoffemissionen und Abwasserbehandlung sowie durch die Nutzung der Ressource beeinflusst. Der Klimawandel ist ein zusätzlicher Faktor, der den Wasserstress beeinflusst, obwohl soziodemografische Faktoren weiterhin die Hauptdeterminanten für Wasserstress sind. Der IPCC prognostiziert, dass bei einer Erwärmung von mehr als 2°C im Vergleich zu 1990 jedes weitere Grad zu einer Verringerung der erneuerbaren Wasserressourcen um 20% für mindestens 7% der Weltbevölkerung führen könnte.

Zwar hängt der sichere Zugang zu sauberem Trinkwasser eher von der Infrastruktur als von der Abflussmenge und der Erneuerungsfähigkeit des Grundwassers ab, doch der Rückgang des Grundwassers in einigen Regionen aufgrund des Klimawandels macht es schwieriger und teurer, den Zugang zu sauberem Trinkwasser für alle zu verwirklichen. Darüber hinaus hat der Klimawandel auch einen Einfluss auf die Wassernachfrage: Mit steigenden Temperaturen und wärmeren Jahreszeiten dürfte die Wassernachfrage sowohl in der Landwirtschaft für Bewässerungszwecke als auch für den häuslichen und industriellen Verbrauch steigen.

3. Zunahme von wasserbedingten Naturkatastrophen

Überschwemmungen und Hochwasser hängen von der Intensität, der Menge und der zeitlichen Verteilung der Niederschläge sowie vom vorherigen Zustand der Flüsse ab. Die beobachtete Zunahme der Niederschlagsintensität deutet darauf hin, dass sich der Klimawandel bereits jetzt auf die Intensität und Häufigkeit von Hochwasser auswirkt. Weltweit hat sich die Anzahl der Katastrophen pro Jahrzehnt, die durch kontinentale Überschwemmungen im Zeitraum 1996-2005 verursacht wurden, im Vergleich zum Zeitraum 1950-1980 verdoppelt und die wirtschaftlichen Verluste sind um das Fünffache gestiegen[15]. Es wird erwartet, dass das Risiko von Überschwemmungen insbesondere in Süd-, Südost- und Nordostasien, im tropischen Afrika und in Südamerika zunehmen wird. Während die Zunahme der Häufigkeit und Intensität wasserbedingter Naturkatastrophen größtenteils auf den Klimawandel zurückgeführt werden kann, ist der Anstieg der Verluste durch diese Katastrophen hauptsächlich auf sozioökonomische Faktoren zurückzuführen, die zu einer erhöhten Anfälligkeit der Bevölkerung beitragen: Bevölkerungswachstum, Armut, prekäre Lebensbedingungen, städtische Ballungsgebiete, informelle Siedlungen, Bebauung von Überschwemmungsgebieten, fehlende Überwachungs- und Warnsysteme usw. Die meisten dieser Faktoren sind jedoch nicht auf den Klimawandel zurückzuführen, sondern auf die Tatsache, dass die Menschen in der Regel nicht in der Lage sind, die Folgen von Naturkatastrophen zu bewältigen.

4. Auswirkungen auf die Landwirtschaft und die Ernährungssicherheit

Die Tatsache, dass sich der Klimawandel negativ auf die Verfügbarkeit von Wasserressourcen auswirkt, hat zur Folge, dass der Wettbewerb zwischen den verschiedenen Wassernutzungen zunimmt. Während in einigen Regionen, insbesondere in der nördlichen Hemisphäre, der Klimawandel aufgrund der größeren Wasserverfügbarkeit positive Auswirkungen auf die Ernten haben dürfte

---

[15] Kron und Berz 2007 in IPCC 2014, summary for policymakers, Climate Change 2014: Mitigation of Climate Change

(Kanada, Russland), wird auf globaler Ebene der Nutzen des Klimawandels für die Nahrungsmittelproduktion geringer sein als die Kosten. Auch hier werden die Regionen, die bereits jetzt am stärksten von Ernährungsunsicherheit betroffen sind, am stärksten betroffen sein, da Dürren in Trockengebieten häufiger und intensiver auftreten werden und Episoden starker Regenfälle die Ernten zerstören. Kleine Familienbetriebe im Süden sind diesen Veränderungen aufgrund ihrer größeren Abhängigkeit von der sie umgebenden Umwelt stark ausgesetzt, und zu starke Veränderungen werden es der Bevölkerung nicht ermöglichen, sich mit den traditionellen Methoden zur Integration der Klimavariabilität anzupassen.[16]

5. Auswirkungen auf die Gesundheit
Der Klimawandel führt zu einem globalen Rückgang der Wasserqualität, was sich direkt auf die menschliche Gesundheit auswirkt. Langfristig gesehen erhöhen die geringere Flussströmung sowie der globale Anstieg der Wassertemperatur die Belastung des Wassers mit Krankheitserregern. Das Risiko von wasserbedingten Krankheiten, insbesondere in Gebieten mit geringer Wasseraufbereitung, wird daher steigen. Die Zunahme extremer Wetterereignisse wie Überschwemmungen stellt ein großes Risiko für die bereits bestehenden Abwassersysteme dar.

---

[16] Bates, B. C., Z. W. Kundzewicz, S. Wu und J. P. Palutikof, Hrsg., 2008: Climate Change and Water, Technical Paper Published by the IPCC, IPCC Secretariat, Genf, 236 S.

Kapitel 11: Das Konzept der urbanen Resilienz

Das Konzept der urbanen Resilienz beschreibt die Fähigkeit einer Stadt, sich anzupassen, um den Gefahren, die sie betreffen, besser standhalten zu können, insbesondere den Auswirkungen des Klimawandels. Es inspiriert heute Methoden, Strategien und Pläne für die Entwicklung von Städten und Gebieten.

Tatsächlich sind alle Städte der Welt anfällig für die Folgen einer Reihe von Krisen, die natürlichen oder anthropogenen Ursprungs sein können. Für die Städte und ihre Bewohner bedeuten heute die rasche Urbanisierung, der Klimawandel und die politische Instabilität, dass neue Probleme entstehen oder bestehende Schwierigkeiten verschärft werden. Wenn man bedenkt, dass 50% der Bevölkerung in Städten leben und dass diese Zahl bis 2050 auf 70% ansteigen soll, ist es unerlässlich, sich schnell neue Instrumente zu beschaffen und neue Ansätze zu definieren, die die lokalen Verwaltungen und die Einwohner sowie ihre Fähigkeiten stärken, neue Probleme zu bewältigen und die menschlichen, wirtschaftlichen und natürlichen Ressourcen unserer Städte besser zu schützen.

Resilienz ist die Fähigkeit eines städtischen Systems und seiner Bewohner, Krisen und deren Folgen zu begegnen, sich dabei positiv anzupassen und zu transformieren, um zukunftsfähig zu werden. Eine resiliente Stadt bewertet, plant und ergreift also Maßnahmen, um sich auf alle Gefahren vorzubereiten und auf sie zu reagieren - egal, ob sie plötzlich auftreten oder sich langsam entwickeln, ob sie geplant sind oder nicht. Resiliente Städte sind daher besser in der Lage, das Leben der Menschen zu schützen und zu verbessern, ihre Errungenschaften zu sichern, ein investitionsfreundliches Umfeld zu fördern und positive Veränderungen voranzutreiben.

Mit der Zunahme von Risiken und der wachsenden Stadtbevölkerung hat das Konzept der Widerstandsfähigkeit in der internationalen Entwicklung an Bedeutung gewonnen. Dies ist gerechtfertigt, da gefährdete Gruppen und arme Menschen von Krisen und ihren Folgen am härtesten getroffen werden und möglicherweise nicht über die notwendigen Ressourcen verfügen, um sich wieder zu erholen. Globale Programme, in denen Resilienz ein wichtiges Konzept ist, werden sicherstellen, dass ausnahmslos alle Menschen von nachhaltigen und resilienten Städten betroffen sind. Darüber hinaus ist es entscheidend zu verstehen, dass Resilienz das Herzstück der humanitären Hilfe ist, da sie ihrem Wesen nach versucht, die Lebensbedingungen der Menschen zu verbessern. Wenn sich die Resilienz verbessert, Kapazitäten aufgebaut und Risiken verringert werden, verringert sich die Fragilität durch wirksame und vorausschauende Interventionen.

1. Urbane Widerstandsfähigkeit denken

Im letzten Jahrzehnt waren über 220 Millionen Menschen von Naturkatastrophen betroffen und verursachten einen geschätzten wirtschaftlichen Schaden von 100 Millionen US-Dollar pro Jahr. Seit 1992 sind 4,4 Milliarden Menschen von einer Katastrophe betroffen (das entspricht 64 % der Weltbevölkerung) und die wirtschaftlichen Schäden belaufen sich auf rund 2 Billionen US-Dollar (das entspricht 25 Jahren öffentlicher Entwicklungshilfe). Im Laufe des Jahres 2015 wurden 117 Länder und Regionen - 54 % der Welt - von einer Katastrophe heimgesucht.

Städte, die von großen Katastrophen heimgesucht wurden, wie Kobe oder New Orleans, können mehr als zehn Jahre brauchen, um die Situation vor der Katastrophe wiederherzustellen. Chronische und wiederkehrende Probleme wie die Dürren am Horn von Afrika müssen an den Grundursachen angegangen werden und nicht nur an den Folgen. Auch andere Naturkatastrophen bedrohen einen Großteil der Bevölkerung. So stellen derzeit Überschwemmungen durch Flüsse eine Bedrohung für mehr als 379 Millionen Stadtbewohner dar, Erdbeben und starke Winde sind potenzielle Bedrohungen für 283 bzw. 157 Millionen Menschen.

Auch von Menschen verursachte Katastrophen wie Konflikte und technische Unfälle können die Errungenschaften der Entwicklung von Ländern und Städten gefährden. Die Zahl der gefährdeten Menschen nimmt aufgrund der raschen Urbanisierung, die prekäre, unkontrollierte und dichte Siedlungen in gefährdeten Gebieten induziert, erheblich zu. Darüber hinaus verstärkt der Klimawandel die Risiken, denen Städte durch den drohenden Anstieg des Meeresspiegels ausgesetzt sind, und gefährdet damit die 200 Millionen Menschen, die an Küsten leben, die weniger als 5 Meter über dem Meeresspiegel liegen.

Zusammenfassend lässt sich sagen, dass Städte und Regierungen ihre Fähigkeiten zur Schadensbegrenzung und zur Verkürzung der Erholungsphase nach allen potenziellen Katastrophen erhöhen müssen.

2. Problem der städtischen Nachhaltigkeit

Das Problem der städtischen Nachhaltigkeit stellt sich und stellt sich, in seiner ursprünglichen Definition hat es das Ziel, die Entwicklung zukünftiger Generationen nicht zu gefährden und gleichzeitig die aktuellen Formen der ungleichen Entwicklung zwischen den Gebieten zu korrigieren. Nachhaltige

Entwicklung wäre dann die Artikulation eines objektiven Prinzips der Interdependenz und eines normativen Prinzips der räumlichen und zeitlichen Gerechtigkeit (Laganier et al., 2002). Das Konzept ist somit in hohem Maße anthropozentrisch und zum Teil subjektiv. Das Streben nach Nachhaltigkeit führt in der Tat zu einem moralischen Werturteil hinsichtlich der wünschenswerten Ziele, der betroffenen Gebiete und des gewählten Zeitrahmens. Darüber hinaus ist die Dialektik zwischen den Begriffen Nachhaltigkeit und Störung angesichts der zeitlichen Dimensionen, auf die sie sich beziehen (lange und kurze Zeit), und der Werte, die sie mobilisieren, nicht offensichtlich. Auch wenn die Entstehung des Begriffs der Nachhaltigkeit mit der Entstehung der "Risikogesellschaft" zusammenfällt, ist der Aspekt des Risikomanagements, obwohl er transversal und langfristig angelegt ist, weit davon entfernt, einen zentralen Platz in der nachhaltigen Entwicklung einzunehmen (Casteigts, 2008). Denn auch wenn die städtische Nachhaltigkeit nicht ohne Fragen der Störung oder Instabilität auskommt, so bilden sie doch nicht die Grundlage für ihre Konstruktion, und der Begriff umfasst vielmehr Fragen der Ungewissheit in Bezug auf künftige Bedürfnisse oder die Entwicklung des Umweltkontextes. Kann also eine Entwicklung in Krisenzeiten nachhaltig sein, wenn dem Schutz von Menschen und Gütern Vorrang eingeräumt wird, manchmal auf Kosten der Wirtschaft oder der Umwelt? Sollte man in solchen Situationen der Ungewissheit und Dringlichkeit überhaupt nach Entwicklung (von was?) streben?

Wie kann man angesichts dieser Fragen die Nachhaltigkeit der Stadt angehen? Die nachhaltige Entwicklung der menschlichen Gesellschaften, die aus den Arbeiten des Gipfels von Rio im Jahr 1992 hervorgegangen ist, stellt heute die Stadt in ihren verschiedenen materiellen, funktionellen, sozialen, wirtschaftlichen und politischen Dimensionen in Frage. Von daher ergibt sich ein erster Widerspruch: Die Stadt kann nicht innerhalb ihrer administrativen Grenzen nachhaltig sein (Mori und Christodoulou, 2011). Während die Nachhaltigkeit häufig die physische Umwelt als Träger der menschlichen Entwicklung sieht, ist die Stadt, die die Entwicklung der Gesellschaft konzentriert, vollständig - und manchmal schwer - auf ihre (mehr oder weniger nahe) Umgebung angewiesen, um ihre Bedürfnisse zu befriedigen: Nahrung, Wasser, Energie, Boden, Rohstoffe und auch verarbeitete Materialien.... Die Nachhaltigkeit der städtischen Umwelt erscheint daher als ein rein theoretisches Konzept, ja sogar als eine technische Utopie (Villalba, 2009). Dennoch ermöglicht die Utopie die Definition eines Ideals, das zwar unerreichbar ist, dem man sich aber dennoch annähern kann. Die nachhaltige Stadt wäre dann ein prospektives Bezugssystem (Emelianoff, 2007), in Bezug auf das sich die Städte zu positionieren versuchen und das sich im Laufe der Zeit im Zuge der sozialen Transaktionen zwischen den Akteuren und rund um die Projekte entwickeln kann (Hamman, 2011). Dieser subjektive Wert, der zwischen den Akteuren und im Umfeld der Projekte ausgehandelt wird, stellt dann das zu erreichende normative und moralische Ziel dar. Es würde durch eine Reihe von Indikatoren zur Lebensqualität, Umweltqualität, wirtschaftlichen Wettbewerbsfähigkeit, sozialen Gerechtigkeit, Attraktivität der Gebiete, externen Effekten, ... definiert. Um sich diesem utopischen, langfristigen Ziel anzunähern, muss die Stadt in die Lage versetzt werden, die zahlreichen Störungen zu bewältigen, die sich aus der Interaktion zwischen manchmal unvereinbaren Nutzungen, aus Schwankungen der für ihr Funktionieren notwendigen Ressourcen oder aus der sie umgebenden Umwelt ergeben.

3. Resilienz als Element der Konkretisierung von Nachhaltigkeit

Die Resilienz, die als die Fähigkeit definiert wird, Störungen zu absorbieren und sich von ihnen zu erholen, zielt in unserem Verständnis darauf ab, die Aufrechterhaltung oder Anpassung des Kurses eines städtischen Systems zu ermöglichen, dessen Komponenten und Funktionsweise nach den Grundsätzen der nachhaltigen Entwicklung definiert werden können. Diese Störungen haben eine doppelte Rolle bei der Verfolgung einer nachhaltigen Stadtentwicklung. Für einige kann die nachgewiesene Katastrophe Chancen für einen nachhaltigen Wiederaufbau schaffen (Rose, 2011). Doch ohne auf die Katastrophe zu warten, bietet ihre Berücksichtigung bereits bei der Planung neuer Stadtviertel oder im Rahmen von Stadterneuerungsmaßnahmen auch die Werkzeuge und Indikatoren, um eine bessere Systemresilienz durch die Anpassung des städtischen Systems an potenzielle und unvermeidbare Störungen zu gewährleisten. Die Resilienz des Systems ermöglicht es dann, angesichts seiner Störungen die Phänomene des Zusammenbruchs, des plötzlichen Regimewechsels oder des Zusammenbruchs zu vermeiden. Unter diesem Gesichtspunkt stellen die städtischen Dienstleistungen den in unserer Arbeit gewählten Angriffswinkel dar, was jedoch sozialere und psychologischere Ansätze nicht ausschließen darf. In der Verbindung zwischen dem technischen Netz, der städtischen Dienstleistung, dem Gebiet und der Bevölkerung, die es nutzt, und den Governance-Organen, die es organisieren, treten technische (Trägernetz), organisatorische (menschliche Faktoren bei der Verwaltung einer städtischen Dienstleistung und in der Krise), soziale (Verhalten der Dienstleistungsnutzer, Autonomie- und Anpassungsfähigkeit) und auch politische (Organisation des Gebiets, Entscheidungen über die Entwicklung der Netze, Verpflichtungen für die Betreiber, ...) Dimensionen zutage. Dieser Ansatz zur Risikoproblematik durch das Prisma der Funktionsweise städtischer Dienstleistungen ist in die Kontinuität von Arbeiten einzuordnen, die sich auf die wichtigsten Herausforderungen konzentrieren, wie z. B. (D'Ercole und Metzger, 2009; Demoraes, 2004).

4. Notwendigkeit der Anpassung eines nachhaltigen städtischen Systems
Um den zahlreichen Störungen, die auf das städtische System einwirken, zu begegnen, versucht der Resilienzansatz heute, die Anpassungsfähigkeit des Systems zu verbessern, um die Abweichungen vom Idealpfad der Nachhaltigkeit zu begrenzen. Durch die Förderung eines langfristig ausgerichteten Ansatzes, der die Unsicherheiten in Bezug auf die Entwicklungen des physischen, technologischen, wirtschaftlichen und sozialen Umfelds berücksichtigt, muss die Verbesserung der Widerstandsfähigkeit die Anpassung der Funktionsweise des Systems und seiner Komponenten antizipieren. Angesichts einer geplanten oder ungeplanten Störung sind die Mittel zum Umgang mit der Instabilität des Systems, zur Verringerung ihrer Intensität und zur Verkürzung der Einwirkungszeit allesamt Hebel, die gemeinsam oder getrennt eingesetzt werden müssen, um das System in einen akzeptablen verschlechterten Modus und dann in die normalen Grenzen seiner Funktionsweise zurückzuführen. Wenn diese Störungen und die plausiblen Schwankungen des städtischen Systems bereits bei der Planung berücksichtigt werden, dann wird die konkrete Umsetzung der Anpassung durch Komponenten erleichtert, deren Funktionsweisen flexibel oder austauschbar sind, sowie durch Managementmethoden, die die Unsicherheit integrieren und dem Manager einen Teil seiner Autonomie lassen. Gleichzeitig muss jedoch darauf geachtet werden, dass eine globale Sicht auf die Herausforderungen der Störung erhalten bleibt und dass kollaborative Mechanismen auf der Ebene des städtischen Systems eingerichtet werden. Um nicht wieder in die Fallen der auf Gefahren, Anfälligkeit und Schutz ausgerichteten Ansätze zu geraten, muss das Risiko als Bestandteil und nicht als Zwang der Stadtentwicklung verstanden werden. Wie wir gesehen haben, können Störungen Chancen schaffen, die es zu nutzen gilt, und dazu muss die Stadtentwicklung selbst die Möglichkeit von - möglicherweise unbekannten - Störungen erkannt, akzeptiert und integriert haben.
Die Erfahrung hat oft gezeigt, wie wichtig die technischen Netzwerke der Stadt bei Katastrophen und insbesondere bei Überschwemmungen sind (Felts, 2005). In der Tat sind diese Lebenslinien (lifelines auf Englisch) für die Entfaltung der Stadt

und ihre Leistungsfähigkeit notwendig, da sie die wesentlichen Dienstleistungen unterstützen, die die Bevölkerung, die Aktivitäten und die Regierungsorgane benötigen (Bruneau et al., 2003): Wasser, Energie, Fortbewegung, Telekommunikation. Wenn diese Dienste als lebenswichtig für die Gesellschaft identifiziert werden und daher verpflichtet sind, ihre Funktionsfähigkeit zuverlässig zu gewährleisten (was den Managern in der Regel unabhängig voneinander gelingt), dann erscheinen die Interdependenzen zwischen den technischen Systemen schnell als stark kritisch. Denn funktionale Interdependenzen (z. B. nutzt das Verkehrsnetz das Telekommunikationsnetz, um den Verkehr zu steuern) führen nicht zwangsläufig zu einer Zusammenarbeit zwischen den vielen beteiligten Managern.

5. Operative Instrumente und Methoden zur Verbesserung der Widerstandsfähigkeit

Um die kritischen Punkte des städtischen Systems zu bestimmen, an denen Anpassungslösungen untersucht und umgesetzt werden müssen, ist eine gute Kenntnis des Verhaltens des städtischen Systems erforderlich. Der gewählte Ansatz ist systemisch, um die Interaktionen innerhalb des städtischen Systems, aber auch mit der Außenwelt (Umwelt, andere Städte, ...) besser zu identifizieren und zu charakterisieren. In diesem städtischen System nehmen die technischen Netzwerke einen besonderen Platz ein (Lhomme et al., 2010). Tatsächlich ermöglichen die technischen Netzwerke die Beziehungen zwischen den verschiedenen Komponenten des Systems: Sie sind der Träger von Personen-, Energie- und Informationsflüssen. Auf komplexere und vielleicht weniger greifbare Weise lenken die Netzwerke diese Ströme zum Teil. Beispielsweise sind bei der Stadtplanung aus rein funktionaler Sicht Fragen der Zugänglichkeit zentral und die Verkehrsnetze erscheinen als strukturierend für das Gebiet.

Um die Funktionalität des städtischen Systems hervorzuheben, muss die Bedeutung der technischen Netzwerke für dieses Funktionieren hervorgehoben werden. Die Untersuchung der technischen Netzwerke erweist sich jedoch als problematisch. Ihre Funktionsweise ist komplex, da die Interdependenzen zwischen technischen Netzen zahlreich, vielfältig und in sich geschlossen sind (Rinaldi et al., 2001). Aus diesem Grund reagieren sie nicht linear auf eine Störung. Die Auswirkungen der Störung einer Komponente können daher zu einer Kette von Ereignissen von erheblichem Ausmaß führen, auch wenn diese Komponente zunächst nicht als wichtig erscheint (Tolone, 2009). Um diese Netzwerke und ihre Interdependenzen zu untersuchen, werden derzeit Methoden aus dem Bereich der Betriebssicherheit entwickelt, die insbesondere auf einer funktionalen Analyse dieser Netzwerke beruhen und mit einer Analyse ihrer Struktur, Konfiguration und ihres Standorts verbunden sind (Lhomme et al., 2011a). Die Kreuzung dieser Methoden hat zur Entwicklung einer allgemeinen Methodik geführt, die in einem ersten Computerprototypen implementiert wurde. Genauer gesagt ist dieser Prototyp, mit dem die Widerstandsfähigkeit von technischen Netzwerken untersucht werden kann, ein Web-GIS. GIS-ähnliche Technologien ermöglichen die Hierarchisierung und Verräumlichung von Informationen geografischer Natur (Netze, Gefahrenzonen, Gebäude...). Dieses Werkzeug ermöglicht es, die Auswirkungen einer Gefahr auf die technischen Netze einer Stadt zu analysieren und anschließend die Wiederinbetriebnahme dieser Netze anhand einer räumlichen Analyse zu untersuchen. Beispielsweise können mithilfe des GIS-Prototyps Karten (siehe Abbildung) erstellt werden, die die Funktionsstörungen (rosa) darstellen, die verschiedene Netze (oben: Trinkwasser; Mitte: Elektrizität; unten: Kanalisation) in Abhängigkeit von einem Szenario (Schäden in lila) erleiden. Besondere Aufmerksamkeit wurde den Wechselbeziehungen (orange gestrichelt) und den durch diese Wechselbeziehungen verursachten Störungen (orange) gewidmet.

Die Geschichte der Städte zeugt sowohl von ihrer enormen Fähigkeit, Schocks und Krisen zu widerstehen, als auch von ihrer Fähigkeit, sich anzupassen und neu zu entstehen. Die Konfrontation mit und der Umgang mit langsamen und schädlichen Veränderungen sowie plötzlichen und brutalen Schocks gehört seit jeher zur Realität der Städte. Géraldine Djament, Dozentin an der Universität Straßburg, hat dies in ihrer Doktorarbeit über Rom, das sie als ewige Stadt bezeichnet, anschaulich dargestellt: Rom verkörpert heute den Archetyp der "nachhaltigen Stadt" - sowohl aufgrund seiner Fähigkeit, im Laufe seiner Geschichte verschiedene Störungen zu überwinden, seien sie brutal oder schädlich, als auch aufgrund seiner Fähigkeit, einen Diskurs zu führen, der den Fortbestand der Stadt gegen alle Widrigkeiten hervorhebt. Plötzliche und brutale, oft spektakuläre Schocks treffen die kollektive Vorstellungswelt stark und sind sehr mobilisierend (Brände, Überschwemmungen, Anschläge, Hurrikane usw.) - man denke nur an die internationalen Gedenkfeiern, mit denen die von Terroranschlägen betroffenen Städte und Opfer geehrt werden.
Langsame und schädliche Veränderungen hingegen (Wirtschaftskrise, soziale Ausgrenzung, Klimawandel usw.), die sich über einen längeren Zeitraum erstrecken und das System von innen heraus untergraben, ohne dass es zu einer

leicht erkennbaren Katastrophe kommt oder die so plötzlich eintritt, dass eine Notfallreaktion erforderlich ist, können lange Zeit unbemerkt bleiben und mobilisieren schwerer - die sich verschärfenden sozio-räumlichen Ungleichheiten im Kontext der Metropolisierung sind abgesehen von punktuellen Bränden, die einige griffige Schlagzeilen, aber kaum grundlegende und langfristige Maßnahmen ermöglichen, kaum in den Nachrichten präsent. Hier sind zwei sehr unterschiedliche Zeitspannen im Spiel: die der Dringlichkeit einerseits und die der Latenz andererseits. Sie stimmen jedoch darin überein, dass letztlich grundlegende Maßnahmen über einen längeren Zeitraum hinweg durchgeführt werden müssen - ohne sie kann das System nicht wieder ins Gleichgewicht kommen und belastbar sein. In dieser langfristigen Warn- und Mobilisierungsfähigkeit liegt die größte und interessanteste Herausforderung der Resilienz - über den Notfall hinaus und trotz der Latenz. Diese Herausforderung wird in den Städten besonders groß. Städte stehen im Mittelpunkt des modernen Risikomanagements und der Resilienz, da sie eine Herausforderung darstellen und gleichzeitig die Gefahr verschärfen. Durch die anhaltende Urbanisierung konzentrieren sich immer mehr Menschen, wirtschaftliche und politische Zentren in ihnen und damit auch immer mehr Herausforderungen...

Darüber hinaus verstärkt die Globalisierung die Ausbreitung von Schockwellen, indem sie die weltweite Vernetzung von Städten, aber auch ihre gegenseitige Abhängigkeit fördert. Die Art und Weise, wie Städte angelegt sind, wie sie funktionieren und welche Aktivitäten sie beherbergen, kann das Gleichgewicht der Ökosysteme oder die Gesundheit der Einwohner gefährden und zur Verschärfung des Klimawandels beitragen. Aus diesen Gründen sind Städte mehr denn je wichtige Akteure im Risikomanagement.

SCHLUSSFOLGERUNG

Das Interesse dieses Textes beruht auf der Vision von Denis SASSOU N'GUESSO für den Kongo. Es wurde eine Studie über den Gang dieser Vision im Bereich der Stadtplanung durchgeführt. Das Buch stellt die Wurzeln der politischen Führung dieses außergewöhnlichen Mannes in den Mittelpunkt. Es handelt sich um den systematischen Rückgriff auf die Tradition, um die Anforderungen der modernen Demokratie umzusetzen. Dieses geschickte Spiel mit der Kombinatorik von Prinzipien evoziert das verbindende Konzept der Panafrikanität als Ausdruck einer neuen politischen Haltung. Und der Kongo ist seit Jahrzehnten dabei, diese Vision zu erproben.

Die Erfahrung der Praxis beweist die Vorzüglichkeit dieser neuen Doktrin zur Anwendung der Dogmen der universellen Demokratie. Die Errungenschaften dieser Erfahrung sind zahlreich: die Schaffung von Frieden, die Modernisierungsbewegung, der Schutz der Umwelt etc.

Die größte Herausforderung dieser Politik besteht in der Schaffung einer neuen städtebaulichen Ordnung. Denis SASSOU N'GUESSO hat die Herausforderung der Widerstandsfähigkeit der Städte und des Umweltschutzes gewonnen. Diese Leistung sollte auf die gesamte Menschheit ausgeweitet werden, um eine glänzende Zukunft für die Stadtplanung zu schaffen.

I want morebooks!

Buy your books fast and straightforward online - at one of world's fastest growing online book stores! Environmentally sound due to Print-on-Demand technologies.

Buy your books online at
www.morebooks.shop

Kaufen Sie Ihre Bücher schnell und unkompliziert online – auf einer der am schnellsten wachsenden Buchhandelsplattformen weltweit! Dank Print-On-Demand umwelt- und ressourcenschonend produziert.

Bücher schneller online kaufen
www.morebooks.shop

info@omniscriptum.com
www.omniscriptum.com

Printed by Books on Demand GmbH, Norderstedt / Germany